ISSN 0044 - 2259

ZEITSCHRIFT FÜR ANGEWANDTE GEOLOGIE

HERAUSGEGEBEN VOM
ZENTRALEN GEOLOGISCHEN INSTITUT
IM AUFTRAG DES
MINISTERIUMS FÜR GEOLOGIE

AUS DEM INHALT

AKADEMIE-VERLAG · BERLIN

HEFT 12
BAND 24
DEZEMBER 1978
SEITE 499–546
EVP: 2,– M
34 114

Herausgeber: Prof. Dr. KARL SCHMIDT

Chefredakteur: Prof. Dr. sc. HANS HETZER

Redaktionsbeirat: Prof. Dr. GOTTFRIED PORSTENDORFER, Dr. WERNER REICHENBACH, Dipl.-Ing. WALTER SEHRING, Dr. habil. GERHARD TISCHENDORF, Prof. Dr. ROLAND WIENHOLZ

Die ZEITSCHRIFT FÜR ANGEWANDTE GEOLOGIE berichtet ständig über folgende Arbeitsgebiete: Geologische Grundlagenforschung und Lagerstättenforschung / Methodik der geologischen Erkundung / Ökonomie und Planung der geologischen Erkundung / Technik der geologischen Erkundung / Geologie und Lagerstättenkunde im Ausland. In der Zeitschrift können alle strittigen Fragen der praktischen Geologie behandelt werden. Die Autoren übernehmen für ihre Aufsätze die übliche Verantwortung.

ISSN 0044 - 2259

Zeitschrift für angewandte Geologie

12/78

Herausgegeben vom Zentralen Geologischen Institut Berlin im Auftrag des Ministeriums für Geologie der Deutschen Demokratischen Republik
Verlag: Akademie-Verlag, 108 Berlin, Leipziger Straße 3–4

PORSTENDORFER, G.

Die elektrischen Leitfähigkeitsanomalien Mitteleuropas im Vergleich zur Osteuropäischen Tafel

Z. angew. Geol., Berlin, 24 (1978) 12, S. 499–505, 8 Abb., 13 Lit.

Ausgehend von einer von VANYAN u. a. (1977) aufgestellten „Normalisierungskurve" des spezifischen elektrischen Widerstands für die Osteuropäische Tafel werden Vergleiche zu dem völlig anders gearteten Widerstandsverhalten im mitteleuropäischen Raum angestellt. Dabei ergeben sich Hinweise auf eine deutlich ausgeprägte gutleitende Asthenosphäre und tiefere gutleitende Mantelbereiche im Gegensatz zur unterentwickelten oder nicht vorhandenen Asthenosphäre im Gebiet der Osteuropäischen Tafel. Leitfähigkeitsanomalien in Gebieten mit mächtiger Sedimentbedeckung, wie sie in einer vorläufigen Längsleitfähigkeitskarte Eurasiens zum Ausdruck kommen und auch im Bild der geomagnetischen Tiefensondierung sichtbar werden, stellen Gebiete erhöhter Krustenmobilität am Rand der Osteuropäischen Tafel dar.

FLÜGEL, H. W.

Mesoeuropa und alpines Variszikum

Z. angew. Geol., Berlin, 24 (1978) 12, S. 505–510, 3 Abb., 59 Lit.

Ausgehend von einer Beschreibung der paläozoischen Entwicklung im Ostalpin/Penninikum werden Fragen der Beziehungen zwischen den mitteleuropäischen Varisziden und den variszischen Strukturen des Alpenraums diskutiert. Dabei wird insbesondere die Bedeutung des Peripenninschen Lineaments und dessen westliche Verlängerung als mögliche Trennfuge zwischen beiden geotektonischen Einheiten hervorgehoben (südlicher Kontinentalrand von Mesoeuropa). Der gegenwärtige Kenntnisstand läßt eindeutige Schlußfolgerungen jedoch noch nicht zu.

ANTROPOW, P. J.; JEWSEJEWA, L. S.; POLUARSCHINOW, G. P.

Die Uranlagerstätten in Sedimentiten von Depressionen

Z. angew. Geol., Berlin, 24 (1978) 12, S. 510–513, 1 Tab.

Im Beitrag wird die Genese von Uran in Sedimentiten von Depressionen abrißhaft behandelt, wobei Gesetzmäßigkeiten bei der Uranbildung in strukturell-geologischer und geochemischer Hinsicht aufgestellt werden. Solche Gesetzmäßigkeiten sind von Bedeutung bei der Suche und Erkundung. Die im Beitrag erhaltene Tabelle zeigt eine Klassifikation der Uranlagerstätten in Sedimentiten von Depressionen.

MÖTZING, R.

D'Ansit im Zechstein 2

Z. angew. Geol., Berlin, 24 (1978) 12, S. 513–518, 9 Abb., 1 Tab., 20 Lit.

In der vorliegenden Arbeit werden erstmals mehrere D'Ansitvorkommen aus der ozeanen Salzlagerstätte des Zechsteins 2 beschrieben. Vorrangig makroskopische und mikroskopische Untersuchungsergebnisse am D'Ansit aus dem Unstrut- und Nordharzkaligebiet werden mitgeteilt. D'Ansit ist lösungsmetamorphes Umbildungsprodukt aus Vanthoffit.

SCHRÖDER, N.; SCHÖNE, J.

Blähkriterien u. ihre Eignung zur Charakterisierung des Blähverhaltens schwach metamorpher Pelite

Z. angew. Geol., Berlin, 24 (1978) 12, S. 519–526, 19 Abb., 1 Tab., 18 Lit.

Die Eignungsbeurteilung von Gesteinen zur Herstellung von Leichtzuschlagstoffen erfolgt seit Jahrzehnten anhand empirisch abgeleiteter Blähkriterien. Neue Untersuchungen boten die Möglichkeit, die Aussagefähigkeit in der Literatur angeführter Blähkriterien für die Beurteilung des Blähvermögens schwach metamorpher Pelite kritisch zu überprüfen. Dabei stellte sich heraus, daß die chemische Zusammensetzung dieser Gesteine, ausgenommen den C_{org}-Gehalt, nicht für eine solche Beurteilung herangezogen werden kann. In welchem Maße die CaO- und MgO-Gehalte für eine Beurteilung verwendet werden können, läßt sich ohne weitere Untersuchungen nicht entscheiden. Eine gesicherte Einschätzung des Blähvermögens schwach metamorpher Pelite ist beim gegenwärtigen Kenntnisstand nur durch den praktischen Blähversuch möglich.

PUTSCHER, S.

Ursachen und Auswirkungen geodynamischer Prozesse im Bereiche der Salinarstruktur Sperenberg

Z. angew. Geol., Berlin, 24 (1978) 12, S. 527–531, 5 Abb., 1 Tab., 2 Lit.

Es wird ein kurzer Abriß der geologisch-hydrogeologischen Situation für das Salinar Sperenberg gegeben. Dabei werden sowohl Probleme des Caprocks als auch der erhöhten Grundwassermineralisation behandelt. Die in Lösung überführten Sulfat- und Chloridmengen werden errechnet sowie die Aussagekraft der Analysen und der daraus errechneten Lösungsbeträge hinsichtlich ihrer Bedeutung für die Lösung ingenieurtechnischer Aufgaben einer kritischen Einschätzung unterzogen. Auf die im Gefolge der Tagebauentwässerung einsetzende Aktivierung der Laugung und den damit verbundenen Oberflächensenkungen und Tagesbrüchen im Top- und Randbereich des Salinars wird hingewiesen. Die Laugung wird als Kombination subrosiver Vorgänge in den Sulfat- und Chloridgesteinen betrachtet.

VOIGT, H.-D.

Der Einfluß einer anfänglichen Strömungshemmung auf die Testergebnisse von Sonden

Z. angew. Geol., Berlin, 24 (1978) 12, S. 532–539, 12 Abb., 2 Tab., 18 Lit.

Ausgehend von Kernuntersuchungen, die bei Flüssigkeits- und Gasströmung ein nichtlineares Strömungsverhalten nachweisen, ließen sich verschiedene Formen eines erweiterten DARCY-Gesetzes darstellen und vergleichen. Nachfolgend wurde auf der Grundlage dieser Strömungsgesetze das Druckverhalten einer Sonde mit Hilfe eines numerischen Modells und einer speziell dafür abgeleiteten stationären Lösung berechnet. Das Fließdruck-, Druckaufbau- und Leistungsverhalten dieser Sonde weisen eindeutig Abweichungen gegenüber dem normalen Verlauf auf. Abschließend werden Messungen eines Tests mit analogen Abweichungen angeführt und Hinweise für die praktische Testinterpretation gegeben.

SCHNEIDER, M. M.; PAECH, H.-J.

Übersicht über das 3. Symposium für antarktische Geologie und Geophysik in Madison/Wisconsin (USA)

Z. angew. Geol., Berlin, 24 (1978) 9, S. 540–542

Zeitschrift für angewandte Geologie 12/78

Herausgegeben vom Zentralen Geologischen Institut Berlin im Auftrag des Ministeriums für Geologie der Deutschen Demokratischen Republik
Verlag: Akademie-Verlag, 108 Berlin, Leipziger Straße 3–4

PORSTENDORFER, G.

The Electric Conductivity Anomalies of Central Europe as Compared with the Eastern European Platform

Z. angew. Geol., Berlin, 24 (1978) 12, pp. 499–505, 8 Figs., 13 Refs.

A "normalized curve" presented by VANYAN et al. (1977) of the specific electric resistance for the Eastern European platform is compared with the resistance behaviour entirely natured otherwise in Central Europe. As a result, hints are provided of a clearly pronounced, well-conducting, asthenosphere and deeper well-conducting mantle areas in contrast to the underdeveloped, or not existing, asthenosphere in the area of the Eastern European platform. Conductivity anomalies in areas with a thick sedimentary cover, as they are expressed in a preliminary longitudinal conductivity map of Eurasia and also become visible in the geomagnetic deep-sounding diagram, represent areas with an increased crustal mobility at the margin of the Eastern European platform.

FLÜGEL, H. W.

Meso-Europe and Alpine Variscan

Z. angew. Geol., Berlin, 24 (1978) 12, pp. 505–510, 3 Figs., 59 Refs.

A description of the Palaeozoic development in the Eastern Alpine-Penninic zone is followed by a discussion of problems connected with relations between the Central European Variscides and the Variscan structures of the Alps. Special emphasis is placed on the importance of the Peripenninic lineament and its western prolongation as a possible divisional joint between the two geotectonic units (southern continental margin of Meso-Europe). The present state of knowledge, however, does not permit to draw unequivocal conclusions.

ANTROPOW, P. J.; JEWSEJEWA, L. S.; POLUARSCHINOW, G. P.

The Uranium Deposits in Depression Sedimentites

Z. angew. Geol., Berlin, 24 (1978) 12, pp. 510–513, 1 Table

The genesis of uranium in depression sedimentites is described in outline, with regularities in the formation of uranium formulated from a structural-geological and geochemical point of view. Such regularities are of importance to prospection and exploration. A classification of uranium deposits in depression sedimentites is given in table form.

MÖTZING, R.

D'Ansite in the Zechstein 2

Z. angew. Geol., Berlin, 24 (1978) 12, pp. 513–518, 9 Figs., 1 Table, 20 Refs.

Several D'ansite occurrences from the oceanic salt deposit of the Zechstein 2 are described for the first time, with precedence given to informations on macroscopic and microscopic test results of D'ansite from the Unstrut and Northern Harz potash district. D'ansite is a solution-metamorphic product of alteration of vanthoffite.

SCHRÖDER, N.; SCHÖNE, J.

Bloating Criteria and their Suitability for Characterizing the Bloating Behaviour of Slightly Metamorphic Pelites

Z. angew. Geol., Berlin, 24 (1978) 12, pp. 519–526, 19 Figs., 1 Table, 18 Refs.

The suitability of rocks for manufacturing lightweight aggregates is evaluated for decennia by means of empirically derived bloating criteria. New studies have made it possible to examine critically the conclusiveness of such criteria mentioned in the literature for evaluating the bloating property of slightly metamorphic pelites. It was found that the chemical composition of these rocks, with the exception of the C_{org}-content, cannot be used for such an evaluation. The extent to which the CaO and MgO contents may be used for such an evaluation cannot be decided without carrying out further investigations. In the present state of knowledge the bloating property of slightly metamorphic pelites can safely be estimated by the practical bloating test only.

PUTSCHER, S.

Causes and Effects of Geodynamic Processes in the Saliniferous Structure of Sperenberg

Z. angew. Geol., Berlin, 24 (1978) 12, pp. 527–531, 5 Figs., 1 Table, 2 Refs.

The geological-hydrogeological situation of the saliniferous deposit of Sperenberg is briefly reviewed and includes a discussion of problems connected with the cap rock and increased ground-water mineralization. The amounts of sulphate and chloride passing into solution are calculated, and the conclusiveness of analyses and amounts of solution calculated from them are critically estimated in view of their importance to a solution of engineering problems. The leaching activation following the drainage of the open-cast mine and surface depressions and caves to the surface connected with it in the top and marginal area of the saliniferous deposit are emphasized. The leaching is considered to be a combination of subrosive processes taking place in the sulphate and chloride rocks.

VOIGT, H.-D.

The Influence of an Initial Hindrance of Flow on the Test Results of Probes

Z. angew. Geol., Berlin, 24 (1978) 12, pp. 532–539, 12 Figs., 2 Tables, 18 Refs.

From core tests demonstrating a non-linear flow behaviour in liquid and gas flows various modes of an extended DARCY law can be described and compared. Based on these laws of flow the pressure behaviour of a probe was calculated by means of a numerical model and a steady-state solution specially derived for it. The flow-pressure, pressure build-up and output behaviour of this probe clearly show differences from the normal process. To conclude, measurements of a test with analogue differences are mentioned and informations on practically interpreting the tests are given.

SCHNEIDER, M. M.; PAECH, H.-J.

Review of the Third Symposium for Antarctic Geology and Geophysics in Madison (Wisconsin, USA)

Z. angew. Geol., Berlin, 24 (1978) 12, pp. 540–542

ZEITSCHRIFT FÜR ANGEWANDTE GEOLOGIE

Träger der Ehrennadel in Gold
der Gesellschaft für Deutsch-Sowjetische Freundschaft

BAND 24 · 1978 · HEFT 1 bis 12

INHALTSVERZEICHNIS

Heft-Nr. Seite

Regionale Geologie, Tektonik, Stratigraphie, Lithologie

Erdöl- und Erdgasgeologie

Minerogenie und Lagerstättenkunde

Geochemie

Geophysik, Gesteinsphysik

Mineralogie, Petrographie

Hydrogeologie

Kohlengeologie

Reservoirmechanik, Untergrundspeicherung

Ingenieurgeologie

Rohstoff- und Lagerstättenwirtschaft, Vorratsberechnung

Leitung, Planung, Ökonomie

Mathematische Geologie, Datenverarbeitung, Statistik

Verschiedenes (Technik, Analytik, Geschichte u. a.)

Wissenschaftliche Tagungen

Buchbesprechungen

Bezugsmöglichkeiten der „Zeitschrift für angewandte Geologie“

Bestellungen sind zu richten

- **in der DDR** an den Postzeitungsvertrieb; an eine Buchhandlung oder an den Akademie-Verlag, DDR - 108 Berlin, Leipziger Straße 3–4
- **im sozialistischen Ausland** an eine Buchhandlung für fremdsprachige Literatur oder an den zuständigen Postzeitungsvertrieb
- **in der BRD und Westberlin** an eine Buchhandlung oder an die Auslieferungsstelle KUNST und WISSEN, Erich Bieber, 7 Stuttgart, Wilhelmstraße 4–6
- **in Österreich** an den Globus-Buchvertrieb, 1201 Wien, Höchstädtplatz 3
- **im übrigen Ausland** an den Internationalen Buch- und Zeitschriftenhandel; den Buchexport, Volkseigener Außenhandelsbetrieb der Deutschen Demokratischen Republik. DDR - 701 Leipzig, Postfach 160, oder an den Akademie-Verlag, DDR - 108 Berlin, Leipziger Straße 3–4.

„Zeitschrift für angewandte Geologie“

Herausgeber: Prof. Dr. KARL SCHMIDT, Direktor des Zentralen Geologischen Instituts, Berlin, im Auftrage des Ministeriums für Geologie der Deutschen Demokratischen Republik.

Chefredakteur: Prof. Dr. sc. HANS HETZER, Zentrales Geologisches Institut, Berlin.

Anschrift der Redaktion: DDR - 1054 Berlin, Kastanienallee 69 (Fernruf 2824293/2824593).

Verlag: Akademie-Verlag, DDR - 108 Berlin, Leipziger Straße 3–4; Fernruf: 2236221 u. 2236229 Telex-Nr. 114420;
Bank: Staatsbank der DDR, Berlin, Kto.-Nr.: 6836-26-20712.

Veröffentlicht unter der Lizenznummer 1279 des Presseamtes beim Vorsitzenden des Ministerrates der Deutschen Demokratischen Republik.

Gesamtherstellung: VEB Druckhaus „Maxim Gorki“, DDR - 74 Altenburg.

Erscheinungsweise: Die Zeitschrift erscheint monatlich. Die 12 Hefte eines Jahres bilden einen Band. Bezugspreis je Band 144,– M zuzüglich Versandspesen (Preis für die DDR 24,– M). Bezugspreis je Heft 12,– M (Preis für die DDR 2,– M).

Bestellnummer dieses Heftes: 1047/24

AN (EDV) 32138

ZEITSCHRIFT FÜR ANGEWANDTE GEOLOGIE

Träger der Ehrennadel in Gold
der Gesellschaft für Deutsch-Sowjetische Freundschaft

BAND 24 · DEZEMBER 1978 · HEFT 12

Die elektrischen Leitfähigkeitsanomalien Mitteleuropas im Vergleich zur Osteuropäischen Tafel

PORSTENDORFER, G., Freiberg

Für die Erforschung elektrischer Leitfähigkeitsanomalien der Erdkruste und des Mantels sind in den letzten 2 Jahrzehnten die „Magneto-Tellurik“ und die „Geomagnetische Tiefensondierung“ entwickelt worden. Die Grundlagen beider Methoden werden bei PORSTENDORFER (1975) beschrieben. Beide Methoden ergänzen sich in vorteilhafter Weise. Der Vorteil der Magneto-Tellurik besteht in der Möglichkeit, eine Leitfähigkeitstiefenverteilung aus aufgenommenen Sondierungskurven des scheinbaren spezifischen Widerstands abzuleiten. Die geomagnetische Tiefensondierung offenbart ihre Vorteile vor allem bei der Kartierung von gut leitenden Strukturen, die sich durch kleine oder verschwindende ΔZ-Komponenten magnetischer Variationen im Vergleich zu deren H-Komponenten markieren.

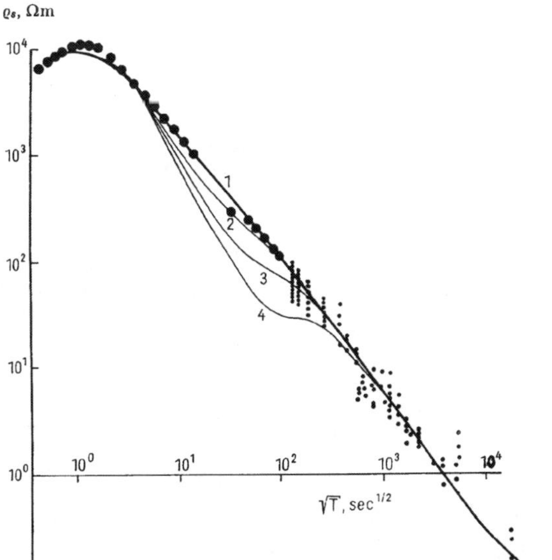

Abb. 1a. Die gemeinsame experimentelle Sondierungskurve des scheinbaren spezifischen Widerstands ϱ a, erhalten aus einer globalen Magneto-Variationssondierung (kleine Punkte) und magnetotellurischen Sondierungen auf der Osteuropäischen Tafel (Kreise)

Die Zahlen 1 bis 4 beziehen sich auf die Modellvorstellungen von Abb. 1b über die Ausbildung einer Asthenosphäre

Eingang des Manuskripts in der Redaktion: 25. 7. 1978.
Veröffentlichung Nr. 932 der Sektion Geowissenschaften der Bergakademie Freiberg

Für das Gebiet der Osteuropäischen Tafel haben WANYAN u. a. (1977) eine „Normalkurve“ des scheinbaren spezifischen Widerstands entwickelt, die sich nahtlos an Werte einer globalen Sondierung anschließt (Abb. 1a). Bei Umwandlung in eine Tiefenkurve des spezifischen Widerstands ergibt sich der in Abb. 1b dargestellte Verlauf bei Voraussetzung eines Gradientenmediums mit kontinuierlicher Abnahme des spezifischen Widerstands mit der Tiefe. Der Versuch, eine deutlich ausgeprägte „Asthenosphäre“ im Tiefenbereich von 100 bis 200 km im Gebiet der Osteuropäischen Tafel einzuarbeiten, widerspricht den experimentellen Befunden.

Im Vergleich zu dieser Sondierungskurve ergibt sich eine gute Möglichkeit, das völlig anders geartete Verhalten des spezifischen Widerstands westlich der Osteuropäischen Tafel zu überprüfen.

Informationen über Gebiete bis tief in den Erdmantel hinein liefern die magnetischen Säkularvariationen (MUNDT u. a. 1977) im Periodenbereich von 10^8 bis 10^{10} s.

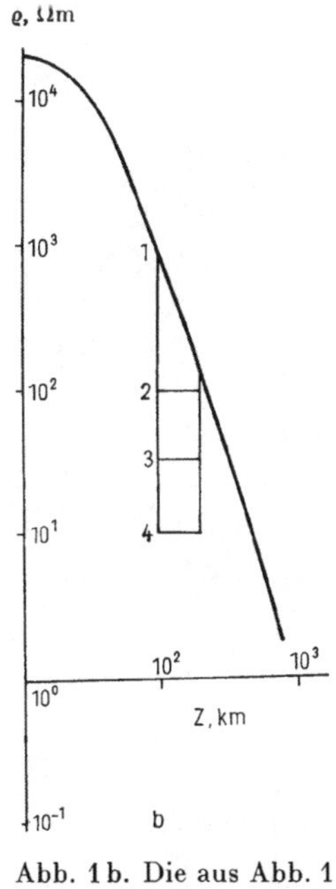

Abb. 1b. Die aus Abb. 1a abgeleitete Tiefenfunktion des spezifischen Widerstands für die Osteuropäische Tafel mit verschiedenen Asthenosphärenmodellen

1 — ohne Asthenosphäre; 2 — Asthenosphäre von 100 bis 200 km Tiefe mit ϱ = 100 Ωm; 3 — Asthenosphäre von 100 bis 200 km Tiefe mit ϱ = 33 Ωm; 4 — Asthenosphäre von 100 bis 200 km Tiefe mit ϱ = 10 Ωm
aus WANYAN u. a. (1977)

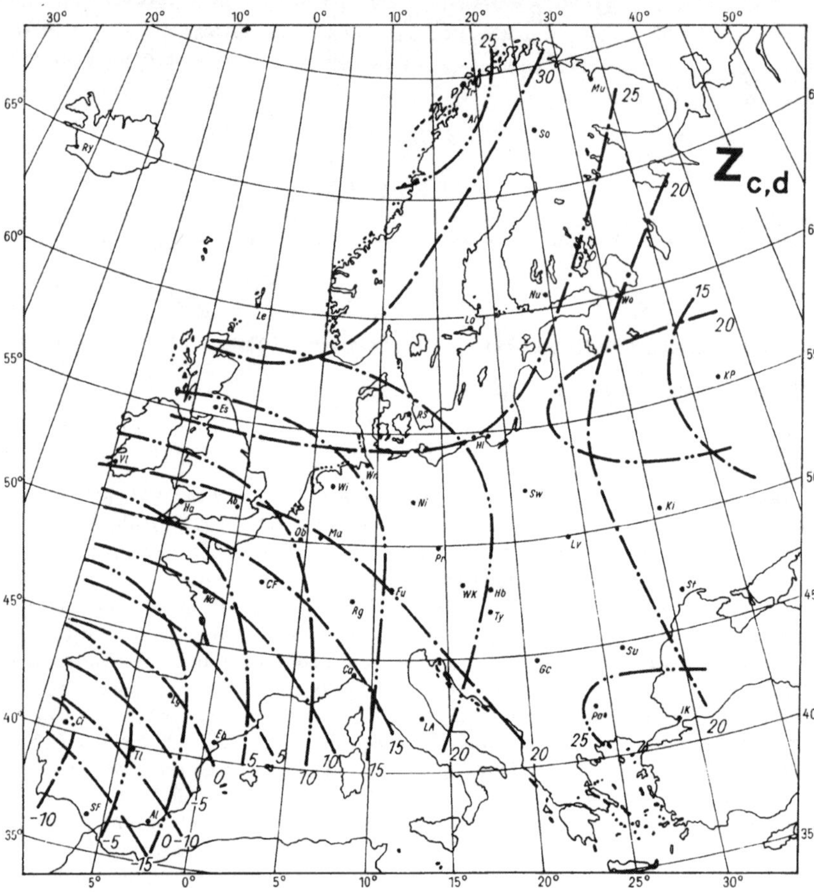

Abb. 2. Säkularvariationsverteilung von ΔZ für die Epochen 1965,5 und 1967,5 (n T/a)
aus MUNDT (1973)

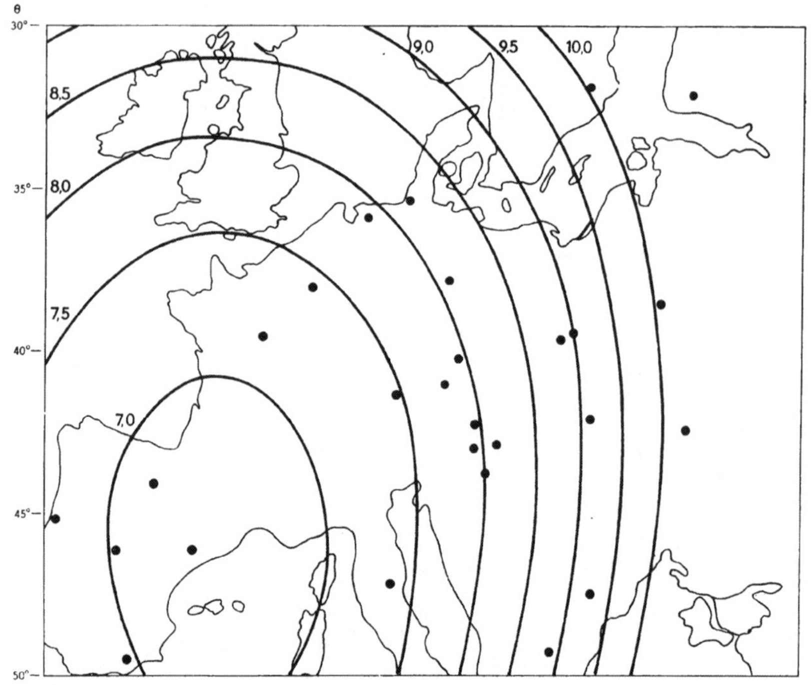

Abb. 3. Verteilung der ΔZ-Variation für eine 13-tägige Periode während des Minimums der solaren Aktivität 1963/65
aus PECOVA u. a. (1977)

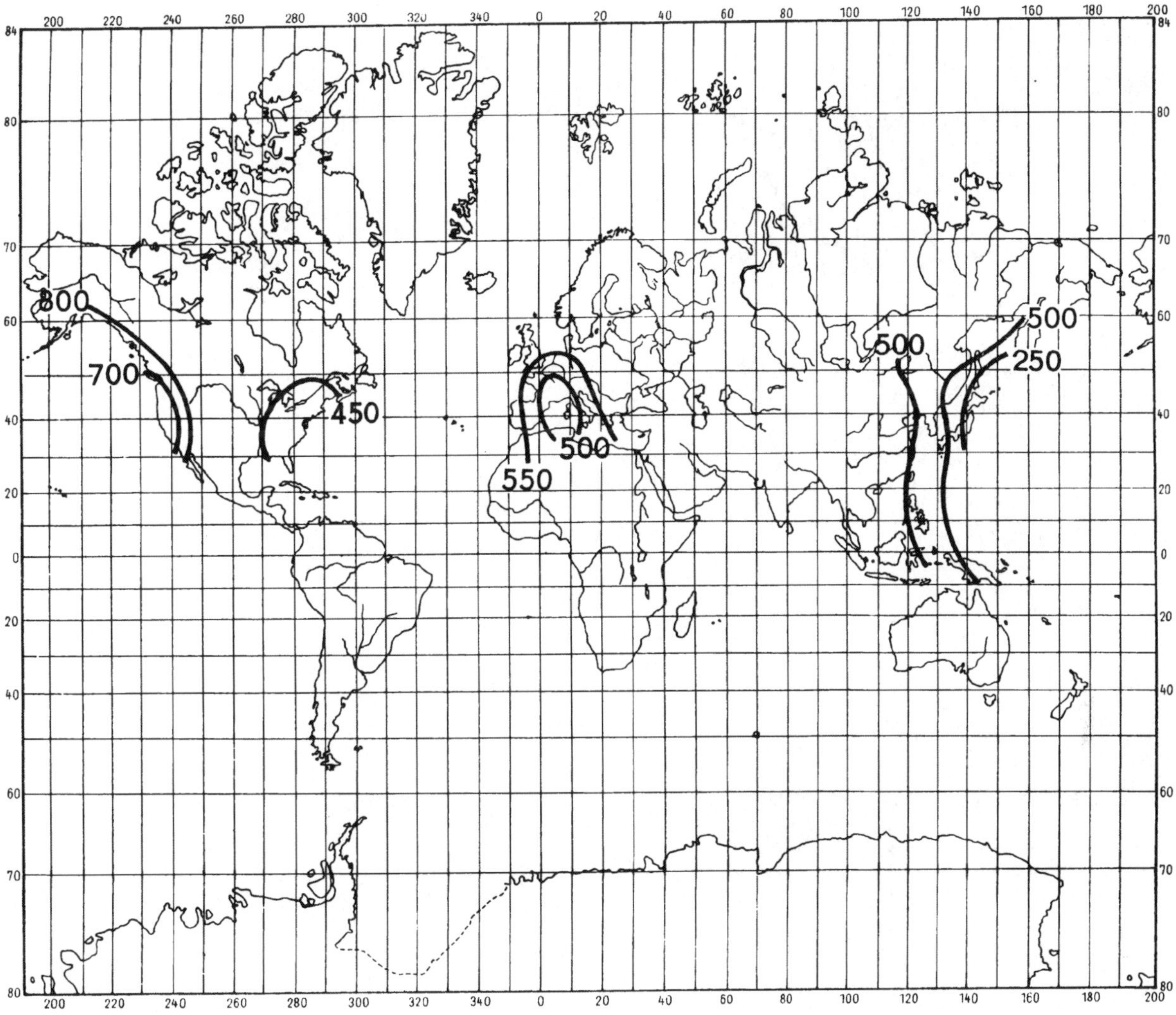

Abb. 4. Scheitelzonen der Aufwölbung des gutleitenden oberen Erdmantels in km aus globalen Analysen von geomagnetischen Variationen mit $T = 12$ h
aus FAINBERG & BERDICHEWSKI (1976)

Abb. 2 zeigt eine Zone verschwindender ΔZ-Komponenten am Westrand des europäischen Festlands. Dieses Bild wird durch die Analyse der ΔZ-Variationen extraterrestrischen Ursprungs im Periodenbereich um 10^6 s bestätigt (PECOVA u. a. 1976) (Abb. 3). Unter Einbeziehung global verteilter geomagnetischer Observatorien gelang es FAINBERG u. a. (1976), aus Analysen im Periodenbereich um 10^5 s die Hochlage von sehr gut leitendem Mantelmaterial am Westrand des eurasischen Kontinents nachzuweisen (Abb. 4). Diese Fakten erlauben uns, von einer NNE—SSW streichenden Leitfähigkeitsanomalie des Mantels am Westrand des eurasischen Kontinents zu sprechen. Dabei wird offenbar gut leitendes Material, das unter der Osteuropäischen Tafel mit spezifischen Widerständen von 0,1 bis 1 Ωm in ca. 1000 km Tiefe lagert, auf Tiefen um 500 km nach Westeuropa zu angehoben. Dieses Bild korreliert sehr gut mit der Analyse von Wärmeflußdaten, wie sie von ČERMAK & HURTIG (1977) vorgelegt wurde (Abb. 5). Wegen der unter Mantelbedingung gegebenen unmittelbaren Abhängigkeit des spezifischen Widerstands von der Temperatur ist die Korrelation auch physikalisch zu erwarten.

Die Analyse der Perioden von 10^2 bis 10^4 s spiegelt in Gebieten mit fehlender oder geringer Sedimentbedeckung bereits die Verhältnisse im Bereich der „Asthenosphäre" wider. In Gebieten mit mächtigen Sedimenten erlaubt sie die Abschätzung der „Längsleitfähigkeit" der Sedimente $S = \sum_{i=1}^{n-1} \frac{h_i}{\varrho_i}$, die ein Ausdruck der Mächtigkeit, Porosität und Mineralisation der Porenfüllung ist. Abb. 6 zeigt die aus bisher vorliegenden Ergebnissen ermittelte vorläufige Karte der Längsleitfähigkeiten der Deckschichten Eurasiens. Die an das Norddeutsch-Polnische Sedimentationsbecken gebundene Anomalie mit Werten von $S > 5000\,\Omega^{-1}$ setzt sich dabei unter Abschwächung über die Dnepr—Donez-Senke bis zu den wieder über $5000\,\Omega^{-1}$ ansteigenden S-Werten im Gebiet des Schwarzen Meers sowie Gebieten des Südens, Nordens und Ostens des Kaspischen Meers fort.

Zweifelsohne sind solche hohen S-Werte Zeugen einer erhöhten Krustenmobilität. In gleicher Größenordnung wurden sie bis zum Stillen Ozean auf dem Territorium der UdSSR bisher nicht wieder beobachtet.

Für den Einblick in das Stockwerk unterhalb der sedimentären Deckschichten Europas bieten sich zunächst

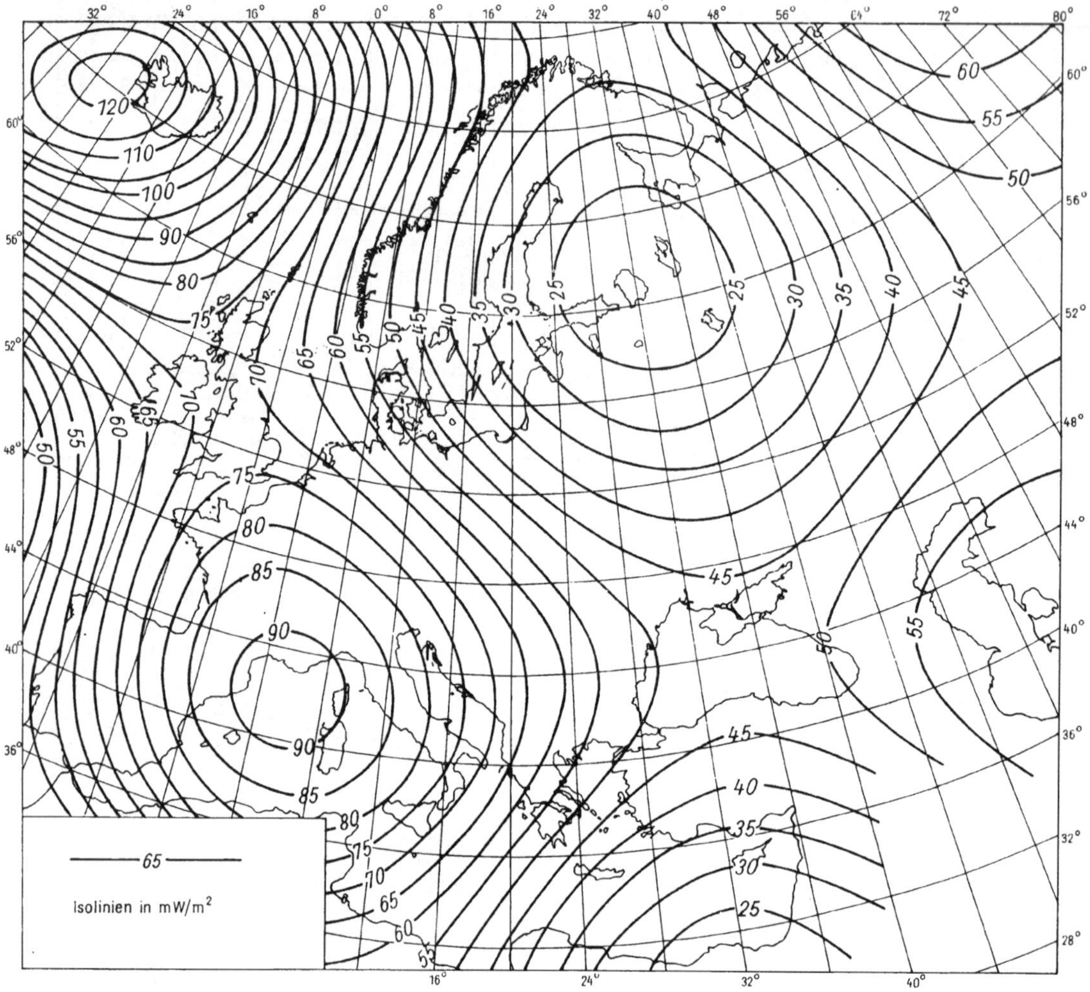
65
Isolinien in mW/m²
120
110
100
90
80
75
45
50
55
60
25
30
35
40
85

Abb. 5.

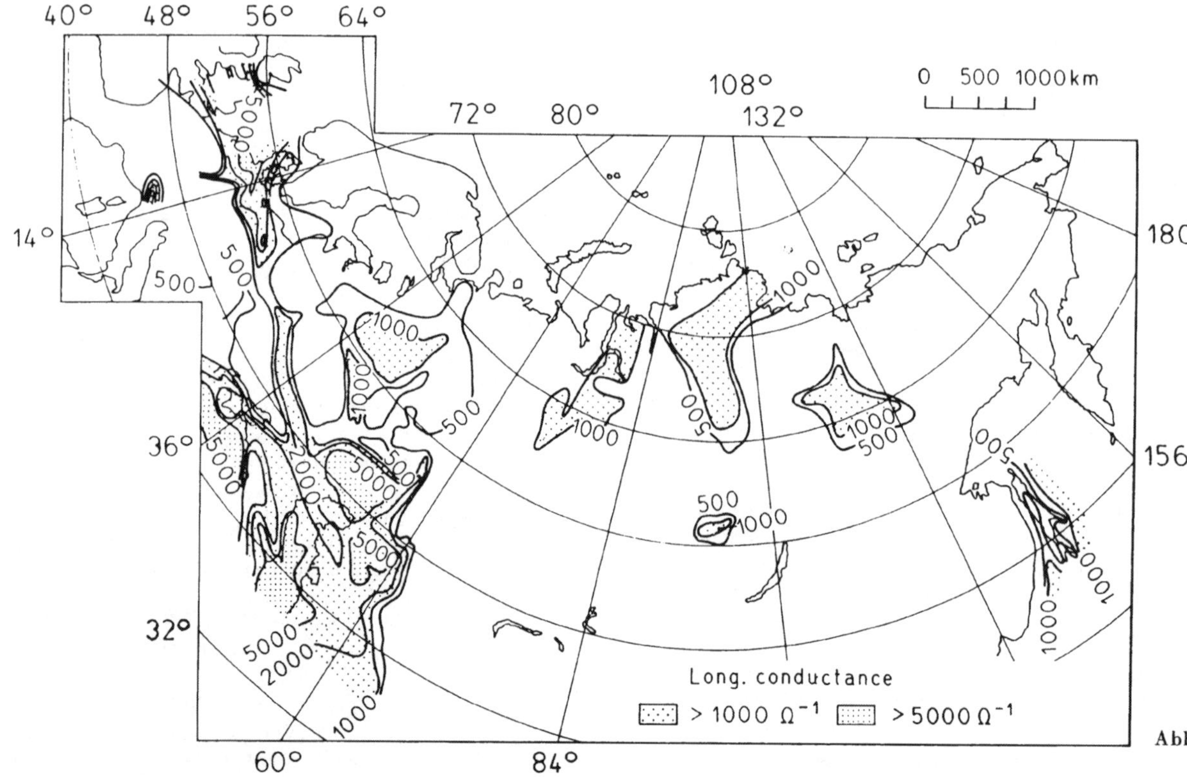
40° 48° 56° 64°
72° 80°
108°
132°
0 500 1000km
14°
180°
36°
156°
32°
60°
84°
Long. conductance
> 1000 Ω⁻¹
> 5000 Ω⁻¹
500
1000
2000
5000

Abb. 6.

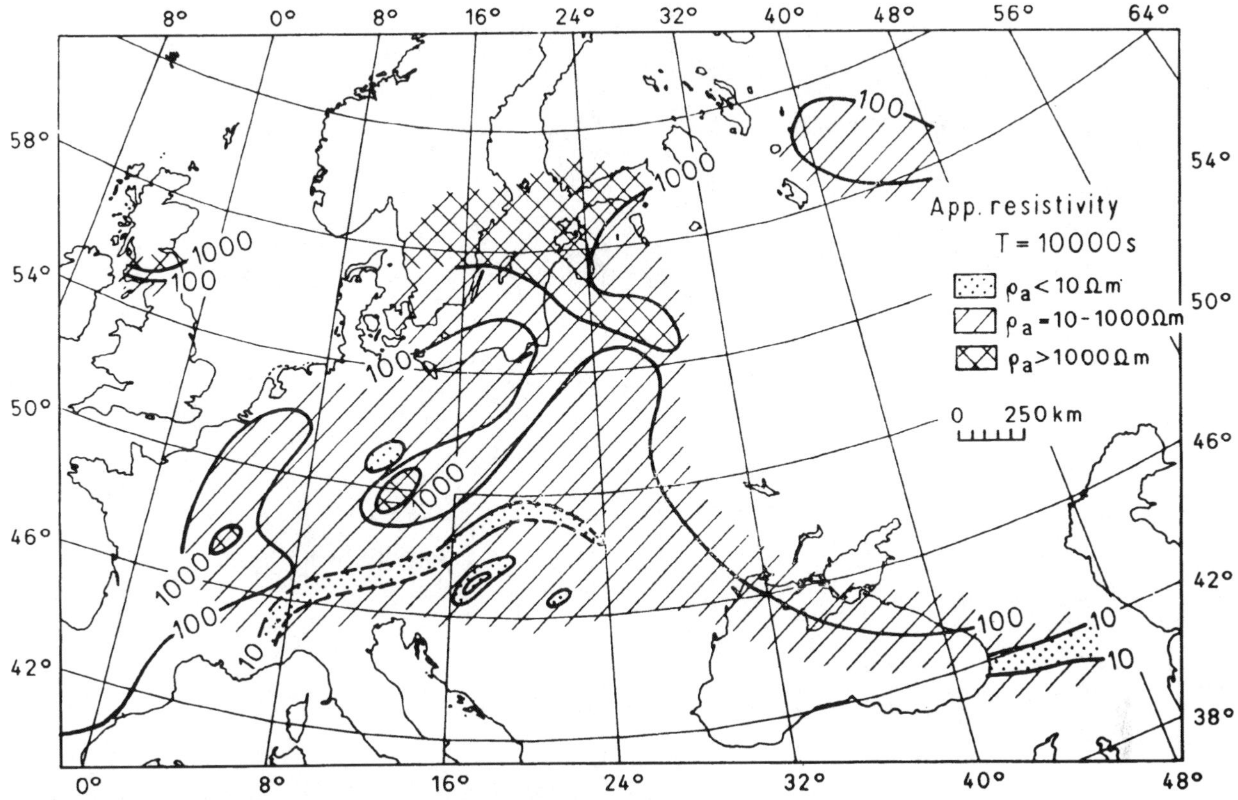

Abb. 7. Karte des scheinbaren spezifischen Widerstands für $T = 10000$ s
zusammengestellt aus europäischen Sondierungskurven, aus PORSTENDORFER & GÖTHE (1977)

die Gebiete mit Längsleitfähigkeiten $S < 1000\,\Omega^{-1}$ an. Außerhalb der S-Anomalien des Norddeutsch-Polnischen Sedimentationsbeckens, der Dnepr—Donez-Senke und des Schwarzen Meers ist dies vor allem eine Geotraverse zwischen 46° bis 50° nördlicher Breite. Abb. 7 zeigt eine Abschätzung der Verteilung der scheinbaren spezifischen Widerstände bei Perioden um 10^4 s (PORSTENDORFER u. a. 1976). Mit scheinbaren spezifischen Widerständen von 10 bis 100 Ωm wird für das weite Gebiet Mittel- und Westeuropas die deutliche Ausprägung einer entwickelten Asthenosphäre relativ zur Osteuropäischen Tafel signalisiert. Dabei sind im Alpen-Karpaten-Raum und im Ungarischen Becken mit scheinbaren spezifischen Widerständen < 10 Ωm offenbar noch zusätzliche, vom oberen Mantel bis in die Kruste reichende Zonen guter Leitfähigkeit an der Anomaliebildung beteiligt. Für die Anomalien im Alpen- und Karpatenraum werden dabei neben teilweise bis zu 15 km mächtigen Flysch- und Molassebildungen und deren deckenartigen Einschiebungen unter das Orogen Prozesse der Regionalmetamorphose als Ursache genannt. Die zusätzliche Anomalie im Ungarischen Becken scheint an paläozoische Schichten der mittelungarischen Gebirge gebunden zu sein, wobei an einigen Punkten eine Verbindung mit Erscheinungen eines quartären Vulkanismus nicht ausgeschlossen erscheint.

Nach Abb. 7 würde zwischen dem 46. und 54. nördlichen Breitengrad etwa die Begrenzungslinie des Gebiets mit $\varrho_s < 100\,\Omega$m den Übergang von der „unterentwickelten" Asthenosphäre der Osteuropäischen Tafel zur „entwickelten" Asthenosphäre Mittel- und Westeuropas markieren.

In Abb. 7. fällt auf, daß es innerhalb des Gebiets mit „entwickelter Asthenosphäre" einige „hochohmige Kerne" gibt, wie andererseits offenbar in Richtung zum Baltischen Schild mit nochmals verminderten Mantelleitfähigkeiten gegenüber der Osteuropäischen Tafel zu rechnen ist. Für das Gebiet des Baltischen Schilds würde das auf völlig fehlende Asthenosphäre und ein noch stärkeres Abtauchen der Isolinien des scheinbaren spezifischen Widerstands gegenüber der Osteuropäischen Tafel hindeuten, was mit dem Wärmeflußminimum des Baltischen Schilds (Abb. 5) in Verbindung gebracht werden kann.

Aber es ist auch augenfällig, daß sich geoelektrische Tiefenverhältnisse, wie sie für dieses Gebiet typisch sind, etwa im Sinne des vermuteten Pribaltisch-Böhmischen Kratons Salops (persönliche Mitteilung von J. HOFMANN) bis in das Böhmische Massiv erstrecken. Auch das Französische Zentralmassiv weist sich als relativ hochohmiger Kern aus.

In den von mächtigen Sedimenten bedeckten Gebieten ist es schwieriger, etwas über den Leitfähigkeitsbeitrag

Abb. 5. Trend 6. Ordnung der Wärmeflußverteilung Europas
aus ČERMAK & HURTIG (1977)

Abb. 6. Längsleitfähigkeitskarte Eurasiens
zusammengestellt nach Vorlagen von PORSTENDORFER & GÖTHE (1977) und SIDOROW u. a. (1976)

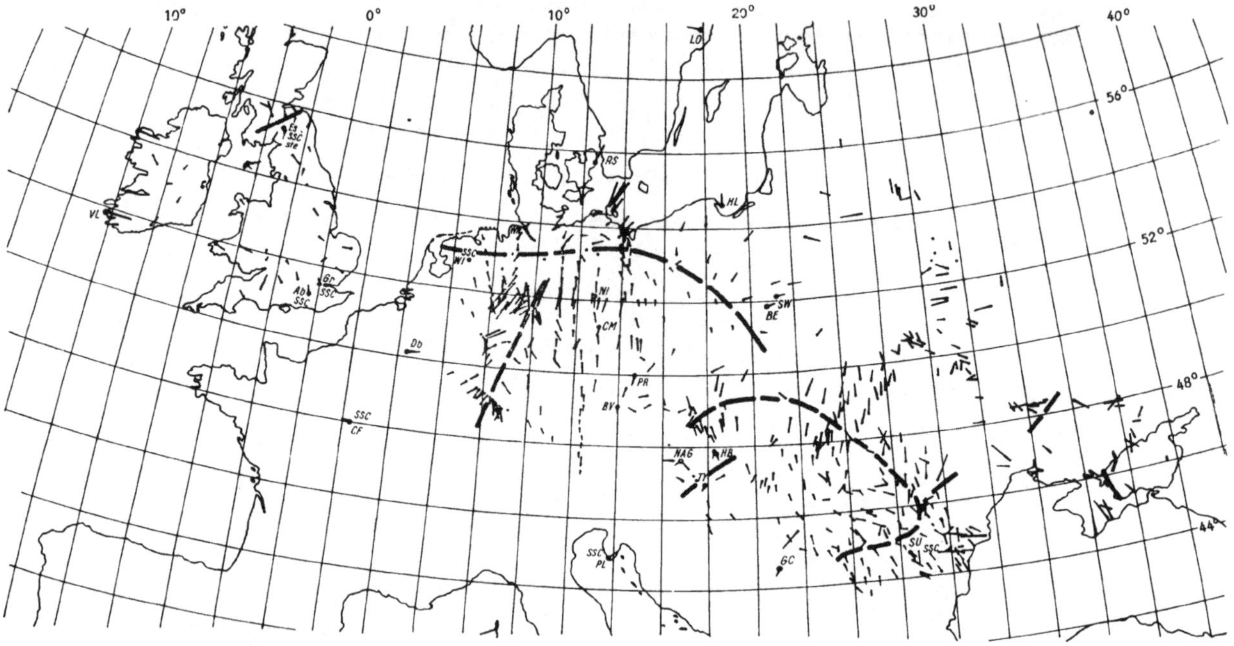

Abb. 8. Karte der Wiesepfeile Europas

Die Länge der Pfeile markiert für Perioden von 30 min bis 1 h das Verhältnis der Vertikalkomponenten zu den Horizontalkomponenten. Die Pfeile zeigen von den Zentren der gutleitenden Zonen weg. Die Achsen der Leitfähigkeitsanomalien sind gestrichelt gezeichnet
aus RITTER (1975)

der Asthenosphäre auszusagen. Es sei hier nur soviel vermerkt, daß sowohl für die Anomalien des Oberrheintalgrabens, des Gebiets des Kaspischen Meers als auch für den zentralen und westlichen Teil des Norddeutsch-Polnischen Sedimentationsbeckens zusätzliche gutleitende Partien im Tiefenbereich der Moho bzw. des obersten Erdmantels angenommen werden.

Nachdem versucht wurde, die Leitfähigkeitsanomalien Mitteleuropas grob bestimmten Teufenbereichen zuzuordnen, soll in Abb. 8 gezeigt werden, wie sich diese Anomalien im Bild der „Wiesepfeile" der Geomagnetischen Tiefensondierung nach RITTER (1975) markieren. Auf einen Nenner gebracht, stellen diese Anomaliezüge am Westrand der Osteuropäischen Tafel bei offenbar teilweise gut ausgeprägter Asthenosphäre und angehobenen Isolinien der Leitfähigkeiten des Erdmantels sämtlich Zonen erhöhter Krustenmobilität dar. Geht man von einem bis in den oberen Mantel reichenden, relativ abrupten Übergang zwischen Osteuropäischer Tafel und Mitteleuropa aus, so hätte man die Grenze der Osteuropäischen Tafel im Bild der Wiesepfeile im Gebiet ihrer Maximalwerte bei z. T. konvergentem Verhalten zu suchen.

Diese Linie koinzidiert relativ gut mit den Vorstellungen der Geologen (TESCHKE 1975) vom Westrand der Osteuropäischen Tafel.

Mit fortschreitender Verdichtung der Meßwerte wird eine „Feinstruktur" der Leitfähigkeitsanomalien immer deutlicher. Das betrifft sowohl die Überlagerung der Hauptanomalien durch Sekundäranomalien im Mitteleuropäischen Raum, auf die hier nicht eingegangen werden soll, als auch die Entdeckung neuer Anomalien im Bereich der Osteuropäischen Tafel, über die ROKITJANSKI (1976) berichtet. In diesem Gebiet geringen Wärmeflusses scheint eine Verbindung mit geothermischen Ursachen ausgeschlossen. Die an die Dnepr—Donez-Senke gebundene Anomalie hat ihre Ursache in der erhöhten Längsleitfähigkeit der Sedimente, während eine N—S-Anomalie im Raum von Kirovograd und eine NW—SE-Anomalie im Raum von Moskau an das präkambrische Fundament gebunden sind.

In diesem Beitrag wurde bewußt auf die Darstellung zahlreicher Einzelauswertungen unterschiedlichster Autoren für Einzelgebiete verzichtet. Für ein genaueres Studium muß hierzu auf die KAPG-Monographie „Geoelectric and Geothermal Studies" (Budapest 1976) verwiesen werden.

Zusammenfassung

Ausgehend von einer von WANYAN u. a. (1977) aufgestellten „Normalsondierungskurve" des spezifischen elektrischen Widerstands für die Osteuropäische Tafel werden Vergleiche zu dem völlig anders gearteten Widerstandsverhalten im Mitteleuropäischen Raum angestellt. Dabei ergeben sich Hinweise auf eine deutlich ausgeprägte gut leitende Asthenosphäre und tiefere gut leitende Mantelbereiche im Gegensatz zur unterentwickelten oder nicht vorhandenen Asthenosphäre im Gebiet der Osteuropäischen Tafel. Leitfähigkeitsanomalien in Gebieten mit mächtiger Sedimentbedeckung, wie sie in einer vorläufigen Längsleitfähigkeitskarte Eurasiens zum Ausdruck kommen und auch im Bild der geomagnetischen Tiefensondierung sichtbar werden, stellen Gebiete erhöhter Krustenmobilität am Rand der Osteuropäischen Tafel dar.

Резюме

Исходия из составленной Ваняном и др. (1977 г.) „кривой нормалной" специфического электрического сопротивления для Восточно-Европейской плиты проводятся сравнения с совершенно иным поведением сопротивления в средне-европейском пространстве. При этом получаются указания на ясно выраженную, хорошо проводимую астеносферу и более глубокие, хорошо проводимые мантийные участки по сравнению со слабо развитой или же не существующей астносферой в области Восточно-Европейскоий плиты. Аномалии проводимости в областях с мощным осадочным покровом, как они показываются в предварительной карте продольной проводимости Евразии а также наблюдаются в плане геомагнетического глубинного зондирования, представляют собой области повышенной коровой подвижности на краю Восточно-Европейской плиты.

Summary

A "normal curve" presented by VANYAN et al. (1977) of the specific electric resistance for the Eastern European platform is compared with the resistance behaviour entirely natured otherwise in Central Europe. As a result, hints are provided of a clearly pronounced, well-conducting, asthenosphere and deeper well conducting mantle areas in contrast to the underdeveloped, or not existing, asthenosphere in the area of the Eastern European platform. Conductivity anomalies in areas with a thick sedimentary cover, as they are expressed in a preliminary longitudinal conductivity map of Eurasia and also become visible in the geomagnetic deep-sounding diagram, represent areas with an increased crustal mobility at the margin of the Eastern European platform.

Literatur

ADAM, A.: Geoelectric and Geothermal Studies. KAPG Geophysical Monograph. – Verlag Akademia, Kiado Budapest, Budapest 1976.

ČERMAK, V.; HURTIG, E.: Preliminary Heat Flow Map of Europe. National Committees of Geodesy and Geophysics of the CSSR and DDR. – Potsdam 1977.

FAINBERG, E. B.; BERDICHEWSKI, M. N.: Deep Magnetovariation Profiling with the Method of Derivatives. – Vortrag III. Workshop on Electromagnetic Induction in the Earth, Sopron 1976. – Acta geodaet., geophys. et montan., Aacd. Sci. hung., 12 Fasc. 1–3, Budapest 1977.

FOURNIER, H.: Proposition d'une méthode pour déterminer la structure du premier millier de kilomètres de la terre d'après la resistivité apparente. – Acta geophys. pol., XVI, 3, 215–248, Warszawa 1968.

MUNDT, W.: Der Charakter der geomagnetischen Säkularvariationen in Europa im Zeitraum von 1950 bis 1970. – Veröff. Zentr.-Inst. Phys. Erde., 23, 1–22, Berlin 1973.

MUNDT, W.; PORSTENDORFER, G.: Mögliche Zusammenhänge zwischen einer elektrischen Leitfähigkeitsanomalie im Erdmantel und anomalen magnetischen Säkularvariationen in Mitteleuropa. – DDR-Geodynamik-Report 1977.

PECOVA, I.; PRAUS, O.; PEC, K.: Spatial Distribution of Long Period Geomagnetic Variations over European Area. – Vortrag III. Workshop on Electromagnetic Induction in the Earth, Sopron 1976. – Acta geodaet., geophys. et montan. Acad. Sci. hung., 12, Fasc. 1–3, Budapest 1977.

PORSTENDORFER, G.: Principles of Magneto-Telluric Prospecting. – Geoexploration Monographs, 1, 5 (1975).

PORSTENDORFER, G.; GÖTHE, W.: Maps of Apparent Specifical Resistivities for Different Period-Ranges for Europe and their Interpretation. Vortrag III. Workshop on Electromagnetic Induction in the Earth, Sopron 1976. – Acta geodaet., geophys. et montan. Acad. Sci. hung., 12, Fasc. 1–3, Budapest 1977.

RITTER, E.: Results of Geomagnetic Deep Soundings in Europe. – Gerlands Beitr. Geophys., 84 3/4, 261–273, Leipzig 1975.

SIDOROW, W. A.; BUCARSKI, W. W.; KALENOW, E. N.; KONDRASCHEWA, N. W.; KOPELOW, I. S.; MAKSIMOW, W.: Längsleitfähigkeit der Sedimente auf dem Territorium der UdSSR (russ.). – Elektromagnitnie Sondirowanija, Swenigorod 1976.

TESCHKE, H. J.: Entwicklung und tektonischer Bau des südwestlichen Randbereiches der Osteuropäischen Tafel. – Schr.-R. geol. Wiss., Berlin 1975.

WANYAN, L. L.; BERDICHEWSKI, M. N.; FAINBERG, E. B.; FISKINA, M. W.: The study of the Asthenosphere of the East Europe Platform by Electromagnetic Sounding. – Physics Earth and planet. Interiors, 14, Amsterdam 1977.

Mesoeuropa und alpines Variszikum

IGCP-Project No. 5: Correlation of the Prévariscan and Variscan events of the Alpine – Mediterranean mountain belts[1])

FLÜGEL, H. W., Graz

Vorbemerkungen

In den letzten Jahren wurde verschiedentlich versucht, für die Entstehung des europäischen Variszikums plattentektonische Vorgänge heranzuziehen (BURRETT 1972, NICOLAS 1972, BARD u. a. 1973, DEWEY & BURKE 1973, JOHNSON 1973, RIDING 1974 u. a.). Hierbei wurden entweder die Existenz eines mitteleuropäischen Ozeans südlich des Old Red-Kontinents oder einer Prototethys nördlich von Afrika, Kontinentalränder vom Andentypus sowie nord- oder südwärts abtauchende Subduktionszonen ventiliert. Fast sämtliche dieser Vorstellungen gehen von Mitteleuropa aus. Ebenso wie in fixistischen Gegenmeinungen (KREBS 1976 u. a.) wurde das variszisch und prävariszisch verformte Basement des alpinen Europa kaum beachtet. Wenn überhaupt, wurde dieses als die südliche Fortsetzung von Mesoeuropa angesehen (STILLE 1951, SCHÖNENBERG 1970 u. a.). Die Ähnlichkeit des „variszischen Bogens" und des Alpen-Karpatenbogens führten hierbei bisweilen zu Überlegungen, ob und wieweit der alpidische Bogen ein postumes Abbild eines südlichen variszischen Bogens innerhalb von Europa darstellt und wieweit variszische bzw. prävariszische Anteile innerhalb dieses Bogens als eine südliche paläozoische Zone aufgefaßt werden können, für die KOSSMAT (1927) die Bezeichnung „paläodinarischer Gürtel" eingeführt hatte. Einige unterschiedliche Auffassungen, die in dieser Hinsicht geäußert wurden, hat HAVLENA (1976) zusammengestellt. Die Frage des Südrands dieses alpinen Variszikums wurde zumeist offen gelassen, bzw. es wurde ein Proto-Mittelmeer südlich der Linie Südspanien-Sardinien (in rotierter Position) — Ostalpin angenommen, die im Meridian der Ostalpen dem periadriatischen Lineament entsprach (LAURENT 1972). In sämtlichen Vorstellungen blieb die postpermische Entwicklung des alpinen Europa unberücksichtigt. Dies spielte solange keine Rolle, wie diese Entwicklung als eine „innereuropäische" Angelegenheit betrachtet werden konnte, die im tektonischen Gesamtbild nur eine periphere Position einnahm. Das änderte sich, da man die Alpen im Ergebnis plattentektonischer Vorgänge als einen Bereich aufzufassen begann, der erst durch den variszischen Zusammenschluß präpermischer Platten zu einer permo-triassischen Pangea um eine mesozoisch konsumierte Paläotethys-„Bucht", einer Panthalassa, entstanden war (SMITH 1971, SMITH u. a. 1973, DEWEY u. a. 1973, LAUBSCHER & BERNOULLI 1977 u. a.). Hierbei wurden von mehreren Autoren die Ost- und Südalpen der afrikanischen Platte bzw. einem zwischengelagerten Mikrokontinent zugerechnet, die als südlicher Kontinentrand in der Oberkreide und dem Paläogen bei Subduktion einer im Jura entstandenen penninischen Tethys mit einem nördlichen europäischen Kontinentalrand kollidierte (vgl. LAUBSCHER 1975, TRÜMPY 1975, DIETRICH & FRANZ 1976, CHANNEL & HORVATH 1976 u. a.).

Diese Vorstellung hätte hinsichtlich des variszischen und prävariszischen Basements im Bereich der alpidischen mediterranen Kettengebirge als Konsequenz, daß zumindest Teile dieses Basements dann nicht mehr die präpermische südliche Fortsetzung von Mesoeuropa sind, und wir im Untergrund von Alpen und Karpaten einen südlichen variszischen Kontinentalrand und Reste der ehemals trennenden Paläotethys zu suchen hätten.

Eingang des Manuskripts in der Redaktion: 26. 7. 1978.

[1]) In Verbindung mit Projekt Nr. 86: SW-Rand der Osteuropäischen Tafel

Ein Hinweis auf die Existenz einer derartigen Tiefensutur in den Westkarpaten könnte das von MÁŠKA & ZOUBEK (1960) im tieferen Bereich der Klippenzone angenommene „Peripenninische Lineament“ sein, welches das „Böhmische Massiv“, bzw. seine östliche Fortsetzung in der Unterlage der äußeren Karpaten, vom „Slowakischen Massiv“ und seiner westlichen Fortsetzung in den Ostalpen trennt, wobei sie darauf verwiesen, daß dieser Trennung eine fundamentale Bedeutung zukommt. Sie zeigt sich unter anderem in unterschiedlichen petrographischen und geotektonischen Entwicklungen beiderseits des Lineaments, sowie der plötzlichen Abnahme der Krustendicke von rund 48 km in den äußeren Karpaten auf etwa 35 km in den inneren Karpaten längs dieser Struktur (SZENAS 1972). ROTH (1974) faßte sie als den Südrand der nordeuropäischen Tafel auf und KOSZARSKI u. a. (1974), die auf die östliche Fortsetzung dieser Tiefenstruktur bis in den Bereich der Sigmoide von Przemysl hinwiesen, betrachteten sie als Grenze zwischen der epipaläozoischen Plattform, als Basis der Karpatenvortiefe, und dem alpidisch aufgearbeiteten Basement der Westkarpaten.
Ein derartiger mesoeuropäischer südlicher Kontinentalrand im nördlichen Untergrund der Alpen und Westkarpaten würde jedoch auch Rückwirkungen auf unsere Vorstellungen über den Alpenbau haben. Es liegt daher nahe, unseren Kenntnisstand auf diese Frage hin zu prüfen, auch wenn dabei die Gefahr besteht, ins „Reich des geotektonischen Surrealismus“ abzugleiten.

Paläozoische Entwicklung im alpinen Raum

Nach der unterschiedlichen Entwicklung und der tektonischen Position gliedert sich der alpine Raum in Helvetikum und Ultrahelvetikum, Penninikum, Unter-, Mittel- und Oberostalpin sowie — durch das Periadriatische Lineament getrennt — in die Südalpen (TOLLMANN 1977), wobei die Trennung Mittel- und Oberostalpin nicht von allen Autoren akzeptiert wird (Abb. 1).

Periadriatisches Lineament

Welches Alter und welche Bedeutung das Periadriatische Lineament hat, wissen wir nicht. Bei der Vorstellung, daß Ost- und Südalpen einer einzigen Platte angehören, müßte es sich um eine innerhalb dieser Platte gelegene Sutur handeln, deren Ausdehnung auch etwas über die Größe der Platte im betrachteten Bereich aussagen könnte. Sicher ist, daß diese Linie eine auffallend scharfe Grenze verschiedener Faziesbereiche ist. Sie stellt eine tektonische Grenze erster Ordnung dar, die zwei in ihrem Ablagerungsraum und der Anordnung der Fazieszonen verschiedene Bereiche voneinander trennt: Verlaufen letztere im Oberostalpin um E—W, so finden sich in den Südalpen vom Perm bis in den Jura N—S streichende Zonen unterschiedlicher Subsistenz und Sedimentation. Das völlige Fehlen sicherer Faziesübergänge über längere Zeiträume läßt es nicht zu, in dieser Linie eine durch lokale Störungen tektonisch überarbeitete ehemalige Küstenzone zu sehen. Auf der anderen Seite stößt die naheliegende und durch paläomagnetische Untersuchungen (HEINZ & MAURITSCH 1978) gestützte Annahme einer Lateralverschiebung längs dieser Linie auf die Schwierigkeit, daß, gleichgültig welchen Verschiebungsbetrag wir annehmen, wir bei Berücksichtigung sämtlicher altersverschiedener Schichtglieder beiderseits des Lineaments keine Stelle längs

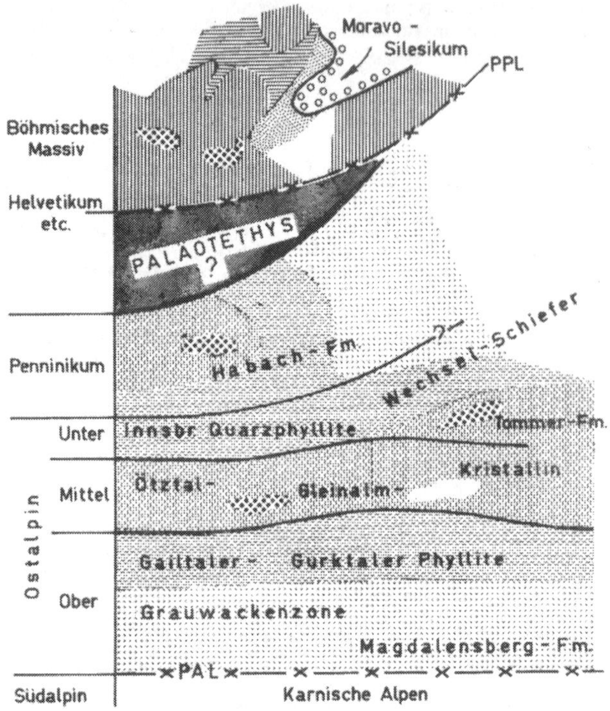

Abb. 1. Entwurf einer jungpaläozoischen Metamorphosekarte für das Böhmische Massiv und die Alpen bei Annahme einer alpidisch subduzierten Paläothetys und bei Berücksichtigung der alpidischen Faziesströge

1 bis 3 — variszische metamorphe Fazies vom Barrovtypus; 5 bis 7 — variszische metamorphe Fazies vom Abukumatypus; 1, 5 — anchi bis niedrig metamorph; 2, 6 — Grünschieferfazies; 3 ,7 — Amphibolitfazies; 4 — granitische Intrusiva, variszische Migmatite usw.; 8 — Paläotethys
PPL — Peripenninisches Lineament, PAL — Periadriatisches Lineament

dieser Zone finden, an der Hinweise auf Faziesübergänge bzw. das Eindrehen der Ostwest- in die Nordsüdrichtung feststellbar wären.

Oberostalpin

Der präalpine Sockel des Oberostalpin besteht aus einer in Becken und Schwellen gegliederten Schichtfolge, die vermutlich ohne größere Schichtlücken vom höheren Ordovizium bis in das Karbon reichte (FLÜGEL 1977). Erstere werden durch vulkanoklastische Schichten, letztere durch Karbonate charakterisiert. Über die Herkunft der basischen Vulkanite (ozeanische oder nichtozeanische Metabasalte) bestehen unterschiedliche Auffassungen (COLINS u. a. 1977, LOESCHKE 1977, KOLMER 1978). Das Alter des Decken- und Faltenbaues ist unbekannt. Die postvariszische Molasse bzw. Red-Bed-Entwicklung setzt — von Norden nach Süden jünger werdend — im hohen Westfal ein. Die jüngsten in den Deckenbau miteinbezogenen Sedimente gehören soweit bis jetzt nachgewiesen ist, dem Vise an. Ein sudetisches Alter der Tektogenese ist wahrscheinlich, jedoch nicht gesichert. Die Metamorphose erreichte die Prehnit/Pumpellyit — örtlich sogar die Gründschiefer-Fazies. Erste Hinweise deuten auf ihr Ende um 300 Mill. Jahre. Sie scheint — bezogen auf oben genannte tektonische Vorgänge — prä- bis syntektonisch gewesen zu sein, jedoch fehlen genauere Untersuchungen. Nach dem Wandern der postvariszischen

Transgression zu urteilen, könnte Südvergenz gegeben gewesen sein.
Die ursprüngliche Unterlage des Paläozoikums ist unbekannt. Hinweise finden wir in örtlich auftretenden Gneis- und Quarzgeröllen in der Grauwackenzone (DAURER & SCHÖNLAUB 1977), sowie im Schwermineralgehalt von Karbonatgesteinen. Vor allem das Paläozoikum von Graz zeigt im Unterdevon einen stark terrestrischen Einfluß und Hinweise auf Küstennähe (FENNINGER & HOLZER 1978). Die primäre Position dieses Paläozoikums ist unklar, vor allem da es durch seine bis in das tiefere Westfal reichende marine Karbonatentwicklung deutliche Unterschiede zum übrigen ostalpinen Paläozoikum zeigt. (Nicht eingegangen wird hier auf das Karbon von Nötsch und der Veitscher Decke, über deren ursprüngliche Position divergierende Ansichten bestehen und die sich noch schwer in ein gesichertes Bild des alpinen Variszikums einbauen lassen).

Mittelostalpin

Diese oberostalpine Entwicklung mit einer primären Ablagerungsbreite, die größer war als sie heute ist, überlagert mit tektonischem Kontakt, der örtlich durch mesozoische Gesteine charakterisiert wird, das mittelostalpine Kristallin. Dieses beginnt mit einer Folge von Gneisen, die einer metamorphen ehemaligen Grauwacken-Sandstein- und Schieferfolge entsprechen. Über ihnen folgt ein teilweise sehr mächtiger Vulkanitkomplex (Amphibolite bis Eklogite). Diese untere Schichtgruppe wird örtlich durch einen bis 700 m mächtig werdenden Augengneiszug von einer hangenden Schichtgruppe getrennt. Sie stellen metamorphe Quarzporphyre dar (HERITSCH & TEICH 1975), was ihre Parallelisierung mit den höher ordovizischen Porphyroiden des Oberostalpins nahelegt. Eine Altersbestimmung aus dem liegenden Vulkanitkomplex, die ein frühordovizisches Alter des Vulkanismus anzeigt, stützt diese Deutung. Dies, die Mächtigkeit der genannten Schichtgruppe und der primäre Sedimentcharakter, legen es nahe, in ihr eine präkambrische bis ordovizische eugeosynklinale Entwicklung zu sehen. Granitintrusionen mit einem Alter von 450 bis 420 Mill. Jahren sind Hinweise auf ein kaledonisches Ereignis (PURTSCHELLER & SASSI 1976, SCHMIDT 1977, SATIR u. a. 1978).
Die Hangendgruppe gliedert sich in einen liegenden ehemaligen Tonschiefer- und einen hangenden Karbonatführenden Komplex, wobei erwogen wird, in diesen über 2000 m mächtigen Schichten eine silurisch-devonische Folge zu sehen. Stimmt dies, dann würde die Mächtigkeit im Mittelostalpin weit über der im Oberostalpin liegen. Granitintrusionen mit einem Alter um 385 Mill. Jahren (CLIFF 1968, HAWKESWORTH 1976), gefolgt von einer Metamorphose in Amphibolitfazies um 350 Mill. Jahre, endend um 300 Mill. Jahre, deuten auf eine altvariszische (bretonische?) Orogenese, welche vermutlich in Zusammenhang mit einem großräumigen Decken- und Faltenbau stand. Das Ende des variszischen Geschehens bilden permische Granit- und Pegmatitintrusionen (FRANK u. a. 1976, JAEGER & METZ 1971). Die postvariszische Transgression erfolgt im späten Perm bzw. in der Trias nach einer tiefgreifenden Abtragung.

Unterostalpin

Diesem polymetamorphen Paläozoikum des Mittelostalpins entspricht im Unterostalpin im Westen eine Quarzphyllitgruppe in Grünschieferfazies, im Osten z. T. in Amphibolitfazies, deren zeitlicher Umfang durch das Auftreten von silurischen und devonischen Kalklinsen sowie von Porphyroiden angedeutet wird. Sichere Hinweise auf das kaledonische Ereignis fehlen. Über Ausmaß und Alter der variszischen Tektonik sind wir nicht unterrichtet. Einschaltungen von Granitgneisen im Semmeringsystem werden als karbone Intrusiva aufgefaßt. Auch hier beginnt die alpidische Transgression erst mit dem höheren Perm bis tieferer Trias.

Penninikum

Die beobachtete Abnahme des Karbonatanteils innerhalb der paläozoischen Schichtfolge bei gleichzeitiger Zunahme feinklastisch terrigener Sedimente von Süden nach Norden im Ostalpin setzt sich im Paläozoikum des Penninikums fort. Dieses beschränkt sich auf die tieferen Decken, während in den höchsten Decken mit ursprünglich südlichem Ablagerungsraum nach unserer derzeitigen Kenntnis das Paläozoikum zumindest weitestgehend fehlt. Diese Decken sind durch das Auftreten ophiolitischer Gesteine charakterisiert, die als Reste eines jurassischen Ozeanbodens gedeutet werden (TOLLMANN 1975, FRISCH 1976). Das Paläozoikum besteht aus einer Schwarzschieferformation von dunklen Tonschiefern und Sandsteinen mit Einschaltungen basischer und saurer Vulkanite. Kalke fehlen weitgehend. In den höheren Anteilen, die als Jungpaläozoikum gedeutet werden, finden sich flyschoide Grauwacken, Tonmergel, Konglomerate und Sandsteine. Während im westlichen Tauernfenster diese Gesteine in Amphibolit-Fazies vorliegen, für die variszisches Alter anzunehmen ist (SATIR u. a. 1978), scheint in anderen Bereichen des Tauernfensters die variszische Metamorphose nur gering gewesen zu sein. Die in diese Schichtfolgen eingedrungenen „Zentralgneise" stellen permische, posttektonische Migmatite und Intrusiva dar (HAWKESWORTH 1976, BICKLE & HAWKESWORTH 1978, SARTIR u. a. 1978). Ausmaß und Alter der variszischen Tektonik sind ungeklärt. Ein Decken- und Faltenbau wird für möglich erachtet (FRISCH 1977). Die postvariszische Transgression begann auch hier nach tiefgreifender Erosion mit der Trias. Ob, wie bisher vermutet, das Penninikum autochthon ist, erscheint heute nicht mehr gesichert (TOLLMANN 1975, 1977).

Peripenninisches Lineament

Über die Fortsetzung des Penninikums in Richtung Ultrahelvetikum bzw. Böhmisches Massiv fehlen infolge Überdeckung direkte Beobachtungen, was zu unterschiedlichen Auffassungen geführt hat. So nahm TOLLMANN (1965 und später) in diesem Raum die Existenz eines „ultrapenninischen Rückens" an, über den wir nur indirekt aus der Geröllzusammensetzung und den Schwermineralspektren kretazischer Sedimente der Kalkalpen, die zu diesem Zeitpunkt das Penninikum bereits überwältigt hatten, einige Anhaltspunkte haben. Die Äquivalente dieser Schwelle finden sich nach ANDRUSOV (1967) in den Westkarpaten an der Grenze von Klippenzone und zentralen Westkarpaten, d. h. im Bereich des früher erwähnten „Peripenninischen Lineaments".

Beziehungen zwischen mitteleuropäischen Varisziden und variszischen Strukturen des Alpenraums

Nördlich dieses Lineaments setzt sich nach ANDRUSOV (1958, 1968, 1976) das Böhmische Massiv nach Osten in den Untergrund der Flyschkarpaten fort. Über ihm transgredieren südlich von Kraków (ŚLĄCZKA 1976) unterkambrische Sandsteine, woraus auf eine präkambrische Metamorphose und Tektonik geschlossen werden kann. Über dem Kambrium bzw. seiner Unterlage folgt mit einer zweiten, unterdevonen Transgression die Entwicklung des Moravo-Silesikums, welches seit STILLE (1951) häufig als Gegenstamm zu den Rheniden angesehen wird. Es beginnt mit einer klastischen Fazies, die gegen Süden transgredierend mit immer jüngeren Schichten einsetzt und eine Karbonat-Plattformentwicklung einleitet, die bis in das Unterkarbon reichte. Im Raum von Brno und Znojno transgrediert diese Entwicklung über dem Kristallin des Moravikums bzw. dem Brünner Massiv, dessen kaledonisches Alter absolute Datierungen anzeigen (FUCHS 1976). Daß diesem Ereignis eine ältere Metamorphose voranging, zeigt ein Altersdatum des Bitterschen Gneises mit 796 Mill. Jahren, während das Ende des variszischen Geschehens durch das Alter der Granitintrusionen in Südböhmen und in Bayern mit 300 Mill. Jahren festgelegt wird. Die von diesem polymetamorphen präkambrischen bis variszischen Geschehen betroffenen Gesteinseinheiten wurden von CHALOUPSKÝ (1978) in dem hier betrachteten Bereich dem tieferen Präkambrium (Moldanubikum) zugeordnet, wobei offenbleibt, wieweit jüngere präkambrische oder noch jüngere Gesteinsfolgen vor Einsetzen der spätkarbonen bis permischen postvariszischen Sedimentation das südböhmische Kristallin überlagerten.

Dieses Kristallin läßt sich unter der Molassezone bis in den Bereich unter den Nördlichen Kalkalpen verfolgen, wobei im einzelnen über die Zuordnung zu Moldanubikum oder Moravikum unterschiedliche Auffassung besteht (WIESENEDER 1967, WIESENEDER u. a. 1976, FAUPL 1975 u. a.). Hier bildet dieses Kristallin vermutlich den ursprünglichen Sockel von Helvetikum, Ultrahelvetikum und Klippenzone. Über seine variszische und prävariszische Entwicklung im österreichischen Bereich sind wir auf Mutmaßungen angewiesen, die sich vor allem auf eine Übertragung der Kenntnisse der helvetischen Kristallinmassive der Westalpen (RAUMER 1976) stützen. Hier zeigt sich, wie im Böhmischen Massiv, die Überlagerung mehrerer Metamorphosevorgänge, die mit magmatischen und tektonischen Ereignissen gekoppelt waren, wobei neben dem variszischen das kaledonische Geschehen eine wichtige Rolle zu spielen scheint. Ähnlich wie im südlichen Moldanubikum finden wir auch im Helvetikum spätvariszische Granitintrusionen mit einem Alter um 300 Mill. Jahren, wobei jedoch auch permische Granite bekannt sind.

Eine Gegenüberstellung des geologischen Geschehens nördlich des Peripenninischen Lineaments und im alpinen Bereich zeigt neben Gemeinsamkeiten auch deutliche Unterschiede (Abb. 2). Zu ersteren gehört das in Europa weit verbreitete „kaledonische" Ereignis (SCHMIDT 1977), wobei zu vermuten ist, daß auch dort, wo dieses Ereignis bisher nicht mit Sicherheit nachweisbar war, wie im Unterostalpin oder im Penninikum durch das Auftreten von Porphyroiden ähnlich wie im Oberostalpin, ein Hinweis auf seine Wirkung gegeben ist.

Ein weiteres gemeinsames Merkmal ist die variszische Tektonik und Metamorphose, wenngleich eine zeitliche Parallelisierung nicht nachweisbar und bei einem Vergleich des Alters der Granitintrusionen im Böhmischen Massiv und des Ostalpins bzw. Pennins auch wenig wahrscheinlich ist. Die Unterschiede zwischen beiden Gebieten werden dadurch verstärkt, daß zumindest weite Teile des Böhmischen Massivs sicher einen präkambrischen Bau haben, dagegen charakteristische paläozoische Plattform- bis Beckenentwicklung, wie sie im Ostalpin und Pennin auftritt, im südböhmischen Raum nicht nachweisbar und ihre Existenz bei Berücksichtigung der südgerichteten devonischen Transgression des Moravo-Silesikums auch unwahrscheinlich ist.

Die westliche Verlängerung des Peripenninischen Lineaments als Südrand von Mesoeuropa

Sicher sind diese und andere Unterschiede noch kein Beweis für eine Trennung des Böhmischen Massivs vom Ostalpin und Penninikum durch eine westliche Fortsetzung des Peripenninischen Lineaments und auch nicht dafür, daß dieses Lineament den südlichen Rand von Mesoeuropa anzeigt. Sie schließen diese Möglichkeit aber auch nicht aus, sondern würden eine derartige Annahme stützen. Leider fehlen bisher geophysikalische Angaben, die ähnlich wie in den Westkarpaten, als Hinweis für eine derartige

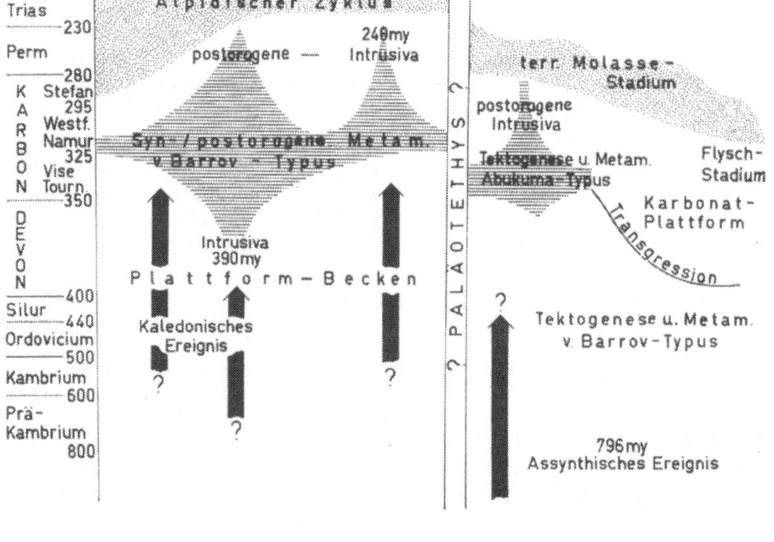

Abb. 2. Paläozoische Entwicklung nördlich und südlich des Peripenninischen Lineaments im Profil Alpen—Südböhmen—Moravosilesikum

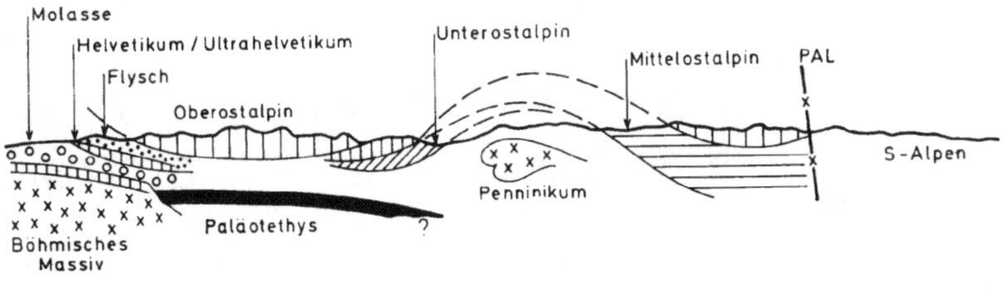

Abb. 3. Ostalpenprofil bei Deutung der magnetischen Anomalie von Berchtesgaden als subduzierte Paläotethys in primärer Position zwischen Mesoeuropa und einem „afrikanischen" Ostalpin

(Nicht eingezeichnet ist die jurassische Tethys des Penninikums)

Tiefenstruktur interpretiert werden können. Im Gegensatz zu diesem Gebiet sinkt vielmehr nach ANGENHEISTER u. a. (1972) im Meridian der Hohen Tauern die Krusten/Mantel-Grenze gleichmäßig von etwa 30 km in Süddeutschland gegen Süden auf nahezu 50 km ab, wobei die höchsten Werte im Bereich des Periadriatischen Lineaments liegen. Wie und ob die Krustenverdickungen im Bereich der karpatischen Vortiefe und im Bereich der Alpen zusammenhängen, ist unbekannt.

Wie einleitend festgestellt wurde, hätte der Nachweis eines mesoeuropäischen südlichen Kontinentalrands im Untergrund der Alpen für die Deutung des alpidischen Baues Konsequenzen, da damit die Frage aufgeworfen würde, ob auch Reste der mesozoisch konsumierten Paläotethys als das trennende Element zwischen Meso- und Neo-Europa im Untergrund der Alpen nachweisbar sind. Einen Hinweis könnte die von BLEIDL & POHL (1976) im Raum von Berchtesgaden unter den Kalkalpen festgestellte magnetische Anomalie sein, die sie als einen plattenförmigen basischen bis ultrabasischen Körper mit einer Nordsüderstreckung von rund 70 km und einer Ostwestausdehnung von über 150 km interpretierten. Dieser Körper ist nach ihnen entweder ein weit unter die Alpen sich erstreckender Teil des Böhmischen Massivs oder aber der „Rest eines ehemaligen Ozeanbodens am Südrand der europäischen Platte". Die Verlängerung dieses Körpers gegen Osten deuten vielleicht die ultrabasischen Schürflinge im Bereich des Klippenfensters südlich des Wolfgangsees an. Ist dieser in einer Tiefe von mindestens 5 km und höchstens 20 km anzunehmende Körper jedoch der Rest oben genannter Paläotethys, müßte dies zu einem Überdenken unserer Vorstellung des Alpenprofils (Abb. 3) und des Alpenbaues führen. Ob und in welcher Modifikation dies zutrifft, müssen die weiteren Untersuchungen zeigen, zu denen das IGCP-Projekt No. 5: „Correlation of the Prevariscan and Variscan events of the Alpine-Mediterranean mountain belts" ein Beitrag ist.

Zusammenfassung

Ausgehend von einer Beschreibung der paläozoischen Entwicklung im Ostalpin/Penninikum werden Fragen der Beziehungen zwischen den mitteleuropäischen Varisziden und den variszischen Strukturen des Alpenraums diskutiert. Dabei wird insbesondere die Bedeutung des Peripenninischen Lineaments und dessen westliche Verlängerung als mögliche Trennfuge zwischen beiden geotektonischen Einheiten hervorgehoben (südlicher Kontinentalrand von Mesoeuropa). Der gegenwärtige Kenntnisstand läßt eindeutige Schlußfolgerungen jedoch noch nicht zu.

Резюме

Исходия из описания палеозойского развития в области восточных альпов пеннина, обсуждаются вопросы отношения между средне-европейскими варисцидами и варисцийскими структурами альпийского пространства. При этом особенно подчеркивается значение перипеннинского линеамента и его западное продолжение как возможный разделяющий шов между обоими геотектоническими единицами (южный континентальной край Мезо-Европы). Настоящее состояние знания еще не позволяет однозначные выводы.

Summary

A description of the Palaeozoic development in the Eastern Alpine-Penninic zone is followed by a discussion of problems connected with relations between the Central European Variscides and the Variscan structures of the Alps. Special emphasis is placed on the importance of the Peripenninic lineament and its western prolongation as a possible divisional joint between the two geotectonic units (southern continental margin of Meso-Europe). The present state of knowledge, however, does not permit to draw unequivocal conclusions.

Literatur

ACKERMANN, W.: Rb-Sr-Datierung einiger Granite des ostbayrischen Kristallins durch Gesamtgesteins- u. Biotitanalysen. – Geol. bavar., 68, 155–162, München 1973.

ANDRUSOV, D.: Die vortriadischen Flatensysteme im Gebiet der Westkarpaten. – Geologie, 7, 403–408, Berlin 1958.

– Grundriß der Tektonik der Nördlichen Karpaten. – Geol. Sb. Slov. Akad. Vied., 5–188, Bratislava 1968.

– Le Massif Vistulien Et Son Rôle Lors Du Plissement Alpin Des Karpates. – Geol. Sb. Slov. Akad. Vied., 27, 225–229, Bratislava 1976.

ANGENHEISTER, G.; BÖGEL, H.; GERBANDE, H.; GIESE, P.; SCHMIDT-THOMÉ, P.; ZEIL, W.: Recent investigations of Surficial and deeper crustal structures of the Eastern and Southern Alps. – Geol. Rdsch., 61, 349–385, Stuttgart 1972.

BARD, J. P.; CAPDEVILA, R.; MATTE, P.; RIBEIRO, A.: Geotectonic Model for the Iberian Variscan Orogen. – Nature, phys. Sci., 241, 50–52, London 1973.

BICKLE, M. J.; HAWKESWORTH, C. J.: Deformation phases and the tectonic history of the eastern Alps. – Geol. Soc. Amer. Bull., 89, 293–306, Boulder 1978.

BURRETT, C. F.: Plate Tectonics and the Hercynian Orogeny. – Nature, 239, 155–157, London 1972.

CHALOUPSKÝ, J.: The Precambrian tectogenesis in the Bohemian Massif. – Geol. Rdsch., 67, 1, 72–90, Stuttgart 1978.

CHANNELL, J. E. T.; HORVÁTH, F.: The african/adriatic promontory as a palaeogeographical premise for alpine orogeny and plate movements in the carpatho-balkan region. – Tectonophysics, 35, 71–101, Amsterdam 1976.

CLIFF, R. A.: The Age of Tonalites in the South-east Tauernfenster, Austrian Alps-Rubidium/Strontium Whole Rock Ages on Some Associated Leucogranites. – Neues Jb. Geol. Mh., 659–663, Stuttgart 1968.

COLINS, E.; HOSCHEK, G.; MOSTLER, H.: Arbeitsbericht über das Jahr 1976. – Geol. Tiefbau Ostalpen, 221, 23–30, Wien 1977.

DAURER, A.; SCHÖNLAUB, H. P.: Lange Teichengraben bei Kalwang. – Exkursionsf. Geol. B.-A., 38–45, Wien 1977.

DEWEY, J. F.; BURKE, K. C. A.: Tibetan, Variscan and Precambrian Basement Reactivation: Products of Continental Collision. – J. Geol., 81, 683–692, Chicago 1973.

DEWEY, J. F.; PITMAN III, W. C.; RYAN, W. B. F.; BONNIN, J.: Plate Tectonics and the Evolution of the Alpine System. – Geol. Soc. Amer. Bull., 84, 3137–3180, Boulder 1973.

DIETRICH, U. J.; FRANZ, U.: Alpidische Gebirgsbildung in den Ostalpen: ein plattentektonisches Modell (Kurzfassung). – Geol. Rdsch., 65, 2, 361 bis 374, Stuttgart 1976.

FAUPL, P.: Kristallinvorkommen und terrigene Sedimentgesteine in der Grestener Klippenzone (Lias-Neokam) von Ober- und Niederösterreich. – Jb. geol. Bundesanst., 118, 1–74, Wien 1975.

FENNINGER, H.; HOLZER, H. L.: Die Genese der Dolomit-Sandstein-Folge des Grazer Paläozoikums. – Mitt. österr. geol. Ges., Wien 1978.

FLÜGEL, H. W.: Paläogeographie und Tektonik des alpinen Variszikums. – Neues Jb. Geol. u. Paläont. Mh., 11, 659–674, Stuttgart 1977.

FRANK, W.; NOWY, W.; SCHABERT, S.: Altpaläozoisches Alter der Amphibolit/Plagioklasgneisserie und Rb/Sr Glimmerdaten aus der Gleinalpe (Ostalpines Altkristallin). – Tschermaks min. u. petrogr. Mitt., Wien 1976.

FRISCH, W.: Ein Modell zur alpidischen Evolution und Orogenese des Tauernfensters. – Geol. Rdsch., 65, 2, 375–393, Stuttgart 1976.

– Der alpidische Internbau der Venedigerdecke im westlichen Tauernfenster (Ostalpen). – Neues Jb. Geol. Mh., 11, 675–696, Stuttgart 1977.

FUCHS, G.: Zur Entwicklung der Böhmischen Masse. – Jb. geol. Bundesanst., 119, 45–61, Wien 1976.

HAVLENA, V.: Late Palaeozoic Palaeogeography of Czechoslovakia and the Plzên Basin. – Fol. Mus. Rev. natur. Bohemiae occident., Plzên, Geologica, 7, 3–31, Plzên 1976.

HAWKESWORTH, C. J.: Rb/Sr Geochronology in the Eastern Alps. – Contr. Mineral. Petrol., 54, 225–244, London 1976.

HEINZ, H.; MAURITSCH, H. J.: Jungpaläozoisches bis tief mesozoisches Geschehen an der Periadriatischen Naht im Gebiet Osttirols und Kärntens. – Kurzf. Geol. Vereinigung, II, 2, Münster/Westfalen 1978.

HERITSCH, H.; TEICH, T.: Zur Genese des Augengneiszuges von der östlichen Gleinalpe zur westlichen Gurbalpe. – Anz. österr. Akad. Wiss., math.-naturw. Kl., Wien 1975.
JAEGER, E.; METZ, K.: Das Alter der Pegmatite des Raumes Bretstein-Pusterwald (Wölzer Tauern, Steiermark). – Schweiz. mineral. u. petrogr. Mitt., 51, 411–414, Zürich 1971.
JOHNSON, G. A. L.: Closing of the Carboniferous Sea in Western Europe. – In: TARLING, D. H. & RUNCORN, S. K. (Ed.): Implications of Continental Drift to the Earth Sciences, vol. 2, 843–850 (Academic Press), London 1972.
KODYM, O.: Neue Forschungsergebnisse im Moldanubikum Böhmens. – In: WATZNAUER, A. (Ed.): Nova Acta Leopoldina, N. F. 224, 45, 11–22, Halle 1976.
KOLMER, H.: Die Verteilung von Ti, Sr, Y und Zr in spilitischen Gesteinen der Steiermark. – Mitt. naturwiss. Ver. Steiermark, 108, Graz 1978.
KOSSMAT, F.: Gliederung des varistischen Gebirgsbaues. – Abh. Sächs. Geol. Landesamt, 1, 3–39, Leipzig 1927.
KOSZARSKI, L.; ŚIKORA, W.; WDOWIARŹ, S.: The Flysch Carpathians. – In: MAHEL, M. (Ed.): Tectonics of the carpathian balkan regions, Geol. Inst. Dionýz Stúr, 180–200, Bratislava 1974.
KREBS, W.: The Tectonic Evolution of Variscan Meso-Europa, In: AGER, D. V. & BROOKS, M. (Ed.): Europe from Crust to Core, 119–139, London 1976.
LAUBSCHER, H.; BERNOULLI, D.: Mediterranean and Tethys. – The Ocean Basins and Margins, 4, 1–28, 1977.
LAUBSCHER, H. P.: Plate boundaries and microplates in alpine history. – Amer. J. Sci., 275, 865–876, Boulder 1975.
LAURENT, R.: The Hercynides of South Europe, a Model. – Int. Geol. Corr. Programme, Sec. 3, 363–370, 1972.
LOESCHKE, J.: Kaledonischer eugeosynklinaer Vulkanismus Norwegens und der Ostalpen im Vergleich mit rezentem Vulkanismus unterschiedlicher geotektonischer Positionen: Eine Arbeitshypothese. – Z. dt. geol. Gesellsch., 128, 185–207, Hannover 1977.
MÁSKA, M. & ZOUBEK, V.: The principal division of the westcarpathians and their pre-neoidic basement. – In: Tectonic Development of Czechoslovakia, Collected Papers, 139–151, Praha 1960.
NICOLAS, A.: Was the Hercynian Orogenic Belt of Europe of the Andean Type? – Nature, 236, 221–223, London 1972.
PURTSCHELLER, F.; SASSI, F. P.: Some Thoughts on the Pre-Alpine Metamorphic History of the Austridic Basement of the Eastern Alps. – Tschermaks min. u. petrogr. Mitt., 22, 175–199, Wien 1976.
RAUMER, J. F. VON: Variszikum in den Zentral- und Westalpen. – In: WATZNAUER, A. (Ed.): Nova Acta Leopoldina, N. F. 224, 45, 147–176, Halle 1976.
RIDING, R.: Model of the hercynian foldbelt. – Earth & Planet. Sci. Lett., 24, 125–135, Amsterdam 1974.
ROTH, Z.: The western section of the outer carpathians in Czechoslovakia. – In: MAHEL, M. (Ed.): Tectonics of the carpathian balkan regions, Geol. Inst. Dionýz Stúr, 163–180, Bratislava 1974.
SATIR, M.; HOERNES, ST.; MORTEANI, G.: Alter und Intensität der alpidischen und der variskischen Metamorphose im Tauernwestende, abgeleitet aus Isotopenanalysen. – Kurzf. Geol. Vereinigung, II, 3, Münster/Westfalen 1978.
SCHMIDT, K.: Der altpaläozoische Magmatismus und seine Stellung in der tektonischen Geschichte Mittel- und Südwesteuropas. – Z. dt. geol. Gesellsch., 128, 121–141, Hannover 1977.
SCHÖNENBERG, R.: Das variszische Orogen im Raume der Südost-Alpen. – Geotekton. Forsch., 35, 1–22, Stuttgart 1970.
ŚLACZKA, A.: New Data on the Structure of the Basament of the Carpathians South of Wadowice. – Rocz. pol. Tow. geol., XLVI, 3, 337–350, Krakow 1976.
SMITH, A. G.: Alpine Deformation and the Oceanic Areas of the Tethys, Mediterranean, and Atlantic. – Geol. Soc. Amer. Bull., 82, 2039–2070, Boulder 1971.
SMITH, A. G.; BRIDEN, J. C.; DREWRY, G. E.: Phanerozoic World Maps. – Spec. Pap. Paläont., 12, 1–42, London 1973.
STILLE, H.: Das mitteleuropäische variszische Grundgebirge im Bilde des gesamteuropäischen. – Beih. Geol. Jb., 2, 138 S., Hannover 1951.
SZÉNÁS, G.: The carpathian system and global tectonics. – Tectonophysics, 15, 267–286, Amsterdam 1972.
TOLLMANN, A.: Die Fortsetzung des Brianconnais in den Ostalpen. – Mitt. geol. Gesellsch., Wien, 57, 2, 469–478, Wien 1965.
– Ozeanische Kruste im Pennin des Tauernfensters und die Neugliederung des Deckenbaus der Hohen Tauern. – Neues Jb. Geol. u. Paläont. Abh., **148**, 3, 286–319, Stuttgart 1975.
– Geologie von Österreich. Band I. Die Zentralalpen. – Verlag Franz Deuticke Wien 1977.
TRÜMPY, R.: Penninic-austroalpine boundary in the swiss alps in a presumed former continental margin and its problems. – Amer. J. Sci., 275-A, 209 bis 238, Boulder 1975.
VEJNAR, Z.: Grundfragen des Moldanubikums und seine Stellung in der Böhmischen Masse. – Geol. Rdsch., **60**, 2, 1455–1465, Stuttgart 1971.
WIESENEDER, H.: Die Beziehung der Granitoide im Untergrund der Nordalpen zum moldanubisch-moravischen und alpin-karpatischen Kristallin. – Tschermaks min. u. petrogr. Mitt., 459–474, Wien 1967.
WIESENEDER, H.; FREILINGER, G.; KITTLER, G.; TSAMBOURAKIS, G.: Der kristalline Untergrund der Nordalpen in Österreich. – Geol. Rdsch., **65**, 2, 512–524, Stuttgart 1976.

Die Uranlagerstätten in Sedimentiten von Depressionen

ANTROPOW, P. J.; JEWSEJEWA, L. S.; POLUARSCHINOW, G. P., UdSSR

Uran ist einer der wichtigsten Energieträger der Zukunft. Der Auffindung neuer Uranlagerstätten muß deshalb eine erhöhte Bedeutung beigemessen werden. In den letzten zwei Jahrzehnten erhielten die Uranlagerstätten in Sedimentgesteinen eine große praktische Bedeutung, und künftig wird ihre Rolle noch zunehmen.

Die Uranlagerstätten, deren Bildung mit einer Gesteinsveränderung unter Einfluß oberflächlicher und unterirdischer Wässer verschiedener Temperatur zusammenhängt, wurden zu einer einheitlichen Gruppe von sogenannten „hydrogenen" Lagerstätten vereinigt. Unter diesen Lagerstätten haben diejenigen in Sedimentgesteinen von Depressionen (ANTROPOW 1969) eine besondere Bedeutung und wurden von den Autoren zu einer Unterklasse zusammengefaßt.

Nach strukturell-geologischen Merkmalen werden in dieser Unterklasse drei Lagerstättengruppen unterschieden:

I — in Randteilen von Ebenen, Senken von Vorgebirgsebenen und großen Zwischengebirgen;

II — in erodierten Kuppeln und lokalen Hebungen am Rande von Ebenen, Vorgebirgen und Senken von Zwischengebirgen (in Erdöl-Erdgas-Provinzen);

III — in kleinen Zwischengebirgssenken, alten Flußtälern und Randzonen von innerkontinentalen Becken.

In jeder Lagerstättengruppe können nach dem Charakter der erzführenden Formationen noch Untergruppen unterschieden werden (siehe Tabelle), da der Stoffbestand und die Geochemie der Nebengesteine den Typ der geochemischen Barriere bestimmen, an der Uran abgesetzt wird. Daneben ist der Charakter der Nebengesteinsveränderungen gleichfalls ein Suchkriterium.

Die Bildungszeit dieser Lagerstätten ist unterschiedlich, wobei eine Verbindung von günstigen geologischen Faktoren kennzeichnend ist. Eine lange Periode kontinentaler Verhältnisse und tektonischer Ruhe ist dabei am wichtigsten, denn diese sorgt für eine Stabilität der hydrodynamischen Bedingungen in der betreffenden Region, d. h. für eine Konstanz der Speisungsgebiete und Transportwege der oberflächlichen und unterirdischen Wässer.

Es ist bekannt, daß die Urankonzentration in natürlichen Wässern nicht hoch sein kann und eine Uranerzbildung bei Gehalten von $\bar{n} \cdot 10^{-4}$ bis $n \cdot 10^{-5}$ g/l in der Lösung erfolgt. Die zur Bildung wirtschaftlicher Uranerzlager erforderliche Zeit beträgt einige zehn Millionen Jahre. Daher ist zu vermuten, daß auch die Stabilität der hydrodynamischen Bedingungen entsprechend lange erhalten bleiben muß. Ein Merkmal langer tektonischer Ruhe stellen in der Erdgeschichte die alten Verwitterungskrusten dar, und nicht zufällig befinden sich hydrogene Lagerstätten der ganzen Welt in derartigen Gebieten alter Verwitterungskrusten.

Die krustenbildenden Perioden wiederholten sich in der Erdgeschichte mehrfach, und jedes Mal wurden diese Zeiträume mit einem vollen Denudationszyklus abgeschlossen. Die ältesten Verwitterungskrusten treten Ende des Proterozoikums auf; später folgen Mittel- und Oberdevon, Unterkarbon, Perm, Wende Trias—Jura, Unter- und

---

Aus: „Sow. Geol.", 9, Moskau 1977, S. 32—36 (gekürzt).
Übers.: W. BEYER, Schneeberg III.

Tab. Klassifikation der Uranlagerstätten in Sedimentiten von Depressionen

Lagerstätten-gruppe	Untergruppe	**hydrogeologische Bildungsbedingungen**	lithologisch-geochemische Erzkontrolle	erzkontrollierende Zonalität u. Gesteinsveränderung	Form der Erzkörper	mögliche geologische Bildungsepoche	mögl. genetischer Typ	Beispiele von Erzprovinzen
I. Randteile von Ebenen, Senken von Vorgebirgsebenen u. großen Zwischengebirgen	1. in terrigenen grauen Formationen	**Speisungsgebiet durch Wasser-Druck-Systeme**	Erze in durchlässigen u. schwach durchläss. Gesteinen (neben durchlässigen), die mit organischen Substanzen u. Fe-Sulfiden angereichert sind	Grenzen der Schicht- u. Zwischenschichtoxydation oder Bleichung	Rollen, Linsen, schichtförmige Lager	Quartär, Miozän, Paläogen, Kreide, Trias-Jura, Unterkarbon, Unter- u. Mitteldevon, Unterkambrium, Wendium	epigenetisch	UdSSR, USA, Niger
	2. in bituminösen Karbonatformationen							USA, Mexiko, UdSSR
	3. in kohleführenden Formationen							UdSSR
	4. in Rotformationen							Colorado-Plateau, Niger
II. Erodierte Kuppeln u. lokale Hebungen am Rande von Ebenen u. Senken von Zwischengebirgen (in Erdöl-Erdgas-Provinzen)	1. U-Bitumen in Rotformationen	**alte Entlastungsherde von Wasser-Druck-Systemen, die durch Erosion lokaler Speisungsherde entstanden sind**	Erze in durchlässigen Gesteinen mit Anreicherungen von Bitumen	Reduktionszonen roter bis grauer u. grüner Gesteine, sekundäre Zonen der Schichtoxydation möglich, Bleichungszonen durchlässiger Gesteine	Nester, Linsen, gangartige Körper	Quartär, Miozän, Paläogen, Unter- u. Oberkreide, Trias-Jura, älter (?)	epigenetisch	USA, UdSSR
	2. U-Bitumen in grauen, terrigenen Serien u. Kalksteinen							USA
III. Kleine Zwischengebirgssenken, alte Flußtäler, Randzonen von innerkontinentalen Becken	1. alluvial-proluviale, buntfarbige Serien	**Horizonte un- u. schwach gespannter Wässer**	Erze in grauen Sandsteinen u. Aleurolithen mit organischen Pflanzenresten, kohligen Tonen, Zwischenlagen u. Linsen von Kohlen	Wechsellagerung grauer u. gebleichter Gesteine, Wechsel von roten, grünen u. grauen Gesteinen. Redoxgrenze	Linsen, schichtförmige Körper, Nester	Quartär, Miozän, Paläogen, Unter- u. Oberkreide, Trias-Jura, Unterkarbon, Mittel- u. Oberdevon, Unterkambrium, Wendium	epigenetisch exodiagenetisch, polygen (syn-, exodia- u. epigenetisch)	Bulgarien, Frankreich, Japan, Zentralafrikanische Republik, Argentinien, UdSSR
	2. U-führende Torfe u. Braunkohlen		Schichten von Torf u. Braunkohle in terrigenen durchlässigen Gesteinen	Randzonen von Becken in Abtragungs- u. Speisungsgebieten	schichtförmige Körper, Linsen	Quartär, Miozän, Paläogen, Unter- u. Oberkreide, Trias-Jura (?)	exodiagenetisch, epigenetisch	UdSSR, USA

Oberkreide, Paläogen und Miozän. Alle diese Epochen waren auch für die Bildung von hydrogenen Lagerstätten der I. und III. Gruppe günstig. Die Lagerstätten in erodierten Erdöl-Erdgas- und Salzstrukturen (II. Gruppe) haben größtenteils ein mesozoisches Alter, da die entsprechenden Strukturen gleichfalls mesozoisch und jünger sind.

Die Uranlagerstätten in alten sedimentären Formationen werden mitunter unrichtig zu hydrothermalen Vorkommen gerechnet, weil ihre Gesteine und Erze durch Metamorphose und mitunter auch durch postmineralische hydrothermale Tätigkeit eine bedeutende Veränderung erlitten haben. Ein direkter Beweis der exogenen Herkunft dieser Lagerstätten ist schwierig, aber die prinzipielle Möglichkeit ihrer Bildung am Ende des Proterozoikums, im Devon und Karbon ist durchaus vorhanden. Alte hydrogene Lagerstätten sind die Lagerstätten in den proterozoischen Sedimentserien Afrikas und Australiens.

Bei der Bildung von hydrogenen Lagerstätten spielt der Aufbau des Fundaments eine wesentliche Rolle. Letzterer ist in Erzgebieten meist durch eine intensive Heterogenität gekennzeichnet. Die Lagerstätten der I. und II. Gruppe treten vorwiegend über alten angehobenen Fundamentblöcken auf, die von Bruchzonen begrenzt werden. Die Lagerstätten der III. Gruppe werden oft von größeren Bruchstörungen im Fundament kontrolliert. Diese Heterogenität des Fundaments, die geophysikalisch leicht erfaßbar ist, kann als ein Suchkriterium verwendet werden.

Die Herkunft des Urans in den hydrogenen Lagerstätten der I. und III. Gruppe wird in der Regel auf Granite mit erhöhten Urangehalten (von 2—4 bis 8 Clarke) zurückzuführen sein, seltener auf uranführende Effusivgesteine und kohlige Schiefer. In Lagerstätten der II. Gruppe kann Uran aus kontinentalen Gesteinen stammen, die syn- und exodiagenetische Urananhäufungen enthalten (ähnlich dem triassischen Buntsandstein Europas).

Die Hauptagentien eines Uranabsatzes aus natürlichen Wässern sind fossile organische Substanzen und die Produkte ihrer Metamorphose (mit Ausnahme von Erdöl und schwachoxydierten Bitumen), ferner Eisensulfide, Fe^{2+}-Silikate und Karbonate sowie Phosphate. Eisen und Schwefel waren nur dann Fällungsmittel von Uran aus den Wässern, wenn der entsprechende Gesteinsverband in Oxydation begriffen war.

Die Autoren studierten die relative Reduktionsfähigkeit der wichtigsten Fällungsmittel von Uran nach einer speziellen Methodik (JEWSEJEWA u. a. 1974). Nach dieser Methodik wird die Reduktionsfähigkeit der Gesteine oder Minerale durch die Abnahme des Redoxpotentials der Lösung bei einer Reaktion mit einem gegebenen Mineral oder Gestein bestimmt (als Lösungsmittel wurde 0,01%ige K-Permanganatlösung im alkalischen Milieu verwendet). Folgende Ergebnisse konnten erzielt werden. Die höchste Reduktionsfähigkeit besitzt Huminsäure (450 mV), danach folgt fossiles Holz, Torf und Steinkohle (300 bis 150 mV). Die Reduktionsfähigkeit von uranführenden Bitumen (Anthraxolith, Tucholith, Asphalt usw.) hängt vom Grad seiner Oxydierbarkeit ab, z. B. bei Anthraxolith — 125 mV und bei Erdöl — 10 mV.

In uranführenden Bitumen wird ein direkter Zusammenhang zwischen den Urangehalten und der Höhe der Reduktionsfähigkeit beobachtet. Die Versuche einer Uranfällung durch Bitumen haben ergeben, daß die Menge des abgesetzten Urans proportional der Reduktionsfähigkeit von Bitumen ist. Fe-Sulfide haben eine Reduktionsfähigkeit von 60 bis 70 mV und Fe^{2+}-Silikate und -Karbonate nicht über 40 mV. Das Studium der Reduktionsfähigkeit von Erzen und Erznebengesteinen in einigen Lagerstätten hat gleichfalls gezeigt, daß die bauwürdigen Erze innerhalb der Kontur mit einer Reduktionsfähigkeit von 40 mV und mehr konzentriert werden, während die Armerze in einer Kontur von 30 bis 40 mV liegen.

In allen Lagerstätten sind intensive sekundäre Nebengesteinsveränderungen festzustellen. Der Charakter dieser Veränderungen hängt vom Gesteinsbestand, dem Grad der Reduktion—Oxydation, der Verteilung der Fällungsmittel usw. ab. Charakteristisch für alle oder fast alle hydrogenen Lagerstätten ist jedoch das Existieren von Veränderungen, die durch die Produkte der Inkohlung und Oxydation organischer Substanzen hervorgerufen werden (CO_2, H_2S, organische Säuren usw.). Im allgemeinen besitzen die Veränderungen den Charakter einer sauren Auslaugung (Argillitisierung) und sind durch eine Umverteilung und Umkristallisation der Karbonate, Kaolinisierung der Hydroglimmer, teilweise Wegfuhr von Fe^{2+} unter Neubildung von Pyrit sowie Bleichung der Gesteine gekennzeichnet.

In rotfarbigen Gesteinen gehen diese Veränderungen der eigentlichen Reduktion voraus, in deren Ergebnis die Gesteine eine graue, grün-graue oder grünliche Färbung annehmen. Obgleich die genannten Gesteinsveränderungen in den Uranlagerstätten weit verbreitet sind, hat ihre Verwendung als Suchkriterium keinen merklichen Erfolg. Diese Tatsache ist nicht durch den Erzprozeß zu erklären, sondern durch die Oxydationsprozesse der aktiv mit uranfreien Wässern reagierenden organischen Substanzen. Nach Meinung der Autoren ist es besser, die in jeder Lagerstättengruppe auftretende erzkontrollierende geochemische Zonalität zu suchen und zu studieren:

- in Lagerstätten der I. Gruppe werden die Erzkörper durch die Grenzen der Oxydations- und Bleichungszonen bestimmt;
- in Lagerstätten der 1. Untergruppe der II. Gruppe ist eine Anpassung der Erzkörper an die Reduktionszonen der roten bis grauen und grünen Gesteine charakteristisch; vielleicht Entwicklung von überprägenden Zonen einer Schichtoxydation;
- in Lagerstätten der 2. Untergruppe der II. Gruppe werden die Erze in durchlässigen Gesteinen durch Bleichungszonen kontrolliert (Argillitisierung);
- in Lagerstätten der III. Gruppe herrscht eine komplizierte Zonalität vor, deren Bildung bereits im Stadium der Exodiagenese beginnt; die Erze werden durch eine Wechsellagerung von grauen, schwarzen und gebleichten sowie roten, grünen und grauen Gesteinen und die Grenzen von vertikalen und horizontalen Oxydationszonen bestimmt.

Zum Schluß sei vermerkt, daß die Lagerstätten der I. und III. Lagerstättengruppe infolge der Bindung ihrer Erze an durchlässige Gesteine, wegen ihrer geringen Lagerungstiefe und des günstigen Stoffbestands für eine Urangewinnung durch unterirdische Laugung mit Hilfe von Bohrungen am perspektivreichsten sind.

Zusammenfassung

Im Beitrag wird die Genese von Uran in Sedimentiten von Depressionen abrißhaft behandelt, wobei Gesetzmäßigkeiten bei der Uranbildung in strukturell-geologischer und geochemischer Hinsicht aufgestellt werden. Solche Gesetzmäßigkeiten sind von Bedeutung bei der Suche und Erkundung. Die im Beitrag enthaltene Tabelle zeigt eine Klassifikation der Uranlagerstätten in Sedimentiten von Depressionen.

Резюме

В статье обзорно обсуждаются генезис урана в отложениях депрессий, при чем устанавливаются закономерности при образовании урана в структурно-геологическом и геохимическом видах. Такие закономерности имеют значение при поисках и разведке. Содерженная в статье таблица показывает классификацию урановых месторождений в отложениях депрессий.

Summary

The genesis of uranium in depression sedimentites is described in outline, with regularities in the formation of uranium formulated from a structural-geological and geochemical point of view. Such regularities are of importance to prospection and exploration. A classification of uranium deposits in depression sedimentites is given in table form.

D'Ansit im Zechstein 2

MÖTZING, R., Sondershausen

1. Existenzbedingungen des D'Ansits

Bei der Neuaufnahme der Gleichgewichte des quaternären Systems Na^+, Mg^{2+}, SO_4^{2-}, Cl^-, H_2O gelang AUTENRIETH & BRAUNE (1958) erstmals die Reindarstellung des D'Ansits ($MgSO_4 \cdot 3\,NaCl \cdot 9\,Na_2SO_4$, in Ionenschreibweise $Na_{21}Mg \cdot [Cl_3(SO_4)_{10}]$). In diesem System (Abb. 1) tritt der D'Ansit als stabiler Bodenkörper bei gleichzeitiger Sättigung der mit ihm im Gleichgewicht stehenden Lösungen an NaCl ab 45,7 °C koexistent mit Astrakanit und Thenardit, bei 54,1 °C koexistent mit Astrakanit und Vanthoffit auf (AUTENRIETH & BRAUNE 1960). Bis zur Temperatur von 90 °C ist sein Existenzbereich klein; er tritt — wie die Bodenkörper Vanthoffit und Thenardit — nur im $MgCl_2$-armen und $MgCl_2$-freien Gebiet auf.
Bereits SOLOWJEWA (1956) hatte bei Löslichkeitsuntersuchungen im System $2\,NaCl + MgSO_4 = Na_2SO_4 + MgCl_2$ bei 65 °C einen neuen Bodenkörper mit der angeblichen Zusammensetzung $9\,Na_2SO_4 \cdot MgSO_4$ (= Nonasulfat) nachgewiesen. Eine Überprüfung dieses Bodenkörpers mit Hilfe optischer, röntgenographischer und chemisch-analytischer Methoden durch AUTENRIETH & BRAUNE (1960) und BURZLAFF (1961) ergab, daß Nonasulfat und D'Ansit identisch sind. In einer späteren Arbeit bestätigt SOLOWJEWA (1967) die Ergebnisse von AUTENRIETH & BRAUNE (1958).
Inzwischen sind über die Existenzbedingungen des D'Ansits weitere physiko-chemische Arbeiten publiziert worden (JANATJEWA & ORLOWA 1963; AUTENRIETH 1969; TIMOSCHENKO 1971; SOLOWJEWA 1972). Nach den Untersuchungen von AUTENRIETH (1969) belegt D'Ansit heute im quinären System einen Teil des früher von Vanthoffit eingenommenen Feldes. Allerdings ist D'Ansit das einzige Mineral in diesem System, das in den Zechsteinlagerstätten bisher nicht nachgewiesen wurde.
In der Natur ist der D'Ansit entsprechend den Gleichgewichtsuntersuchungen vorwiegend dort zu erwarten, wo auch Vanthoffit und Thenardit auftreten. Fundpunkte von Vanthoffit sind in der Literatur bisher häufiger belegt worden. Die wenigen beschriebenen Fundpunkte von Thenardit im Zechstein 2 sind dagegen anzuzweifeln (BRAITSCH 1962; SEYFARTH 1966).

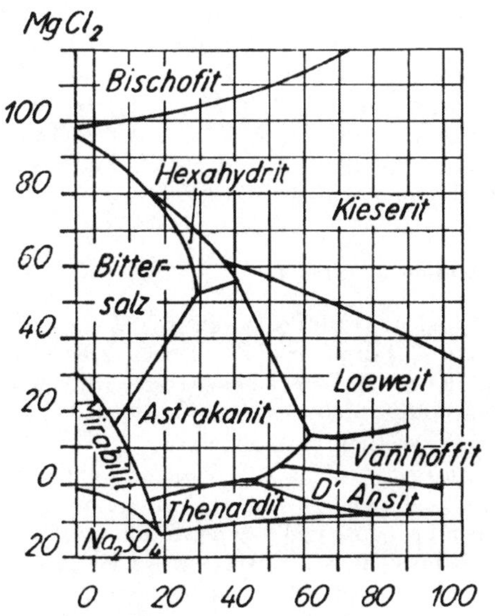

Abb. 1. Phasendiagramm des NaCl-gesättigten Systems Na^+, Mg^{2+}, Cl^-, SO_4^{2-}, H_2O
nach AUTENRIETH & BRAUNE (1958)

Eingang des Manuskripts in der Redaktion: 21. 6. 1978.

2. Bisherige Fundpunkte

Aus der alpinen (tertiären) Salzlagerstätte von Hall in Tirol beschrieb GÖRGEY (1909) ein unbekanntes Begleitmineral des natürlichen Vanthoffits und Astrakanits (= Blödit), das erst auf Grund der mineralogischen Daten des von AUTENRIETH & BRAUNE (1958) synthetisierten D'Ansits als solcher nachträglich mit großer Sicherheit identifiziert wurde.
Angaben über einen völlig gesicherten D'Ansitfundpunkt sind neuerdings aus einer tertiären Salzlagerstätte der VR China durch YIHUA, WEITIAN & KEQIN (1975) publiziert worden. Wie theoretisch etwa zu erwarten, treten in diesem Fundpunkt neben D'Ansit Halit, Thenardit, Vanthoffit, Löweit und Kaliumsulfat auf.
Aus den gründlich untersuchten Salzlagerstätten des europäischen Zechsteins ist D'Ansit bisher nicht exakt identifiziert worden. Auch durch die sehr sorgfältigen Arbeiten von SEYFARTH (1966) und ELERT (1977) konnte in den untersuchten Astrakanit- und Vanthoffitfundpunkten des Zechsteins 2 der DDR kein D'Ansit nachgewiesen werden.
Bemerkenswert ist das Auftreten von D'Ansit in Salzstäuben von Meeresluft von Westerland/Sylt (RADCZEWSKI 1968).

3. Neue Fundpunkte

Durch den Autor konnten erstmals zwei gesicherte Fundpunkte von D'Ansit im Zechstein 2 nachgewiesen werden.

Unstrutkaligebiet

Im nördöstlichen Grubenfeld des VEB Kaliwerk „Heinrich Rau“, Roßleben, ist in zwei Aufschlüssen D'Ansit röntgenographisch und mikroskopisch gesichert identifiziert worden. Beide Fundpunkte sind ca. 2,5 km voneinander entfernt.

Im ersten Fundpunkt tritt der D'Ansit ca. 12 m unterhalb der 10. Unstrutbank im untersten Teil der Liegendgruppe auf. Das petrographische Profil ist grob folgendes:

Das 5,7 m mächtige Hartsalz des Kalilagers Staßfurt setzt ca. 1,2 m oberhalb der 10. Unstrutbank ein; es ist im unteren Teil stark polyhalitisch-langbeinitisch, im oberen Teil polyhalitisch-kainitisch ausgebildet. Das Hartsalz wird von einem ca. 8 m mächtigen polyhalitisch-langbeinitischen Halitit unterlagert; durchgängig ist Kainit im Halitit in kleinen Anteilen vorhanden. Unterhalb dieser polyhalitisch-langbeinitischen Halititzone führt der Halitit nur noch geringe Mengen Polyhalit, Langbeinit, Astrakanit und Vanthoffit. Die astrakanitisch-vanthoffitische Halititzone ist ca. 7 m mächtig. Im untersten Teil dieser Zone treten neben Vanthoffit vereinzelte Nester von D'Ansit auf; im d'ansitführenden Halitit fehlen Langbeinit und Astrakanit.

Im zweiten Fundpunkt ist der D'Ansit ebenfalls an ein typisches Hartsalzprofil gebunden. Er tritt ca. 9 bis 14 m unterhalb der 10. Unstrutbank wiederum im untersten Teil der Liegendgruppe auf. Das geologisch-analytische Profil zeigt folgendes:

Das im unteren Teil stark polyhalitisch-langbeinitische, im oberen Teil polyhalitisch-kieseritische Hartsalz ist 5 m mächtig und setzt ca. 4,2 m oberhalb der 10. Unstrutbank ein. Der Halitit unter dem Hartsalz ist stark polyhalitisch-langbeinitisch; mit Ausklingen der Langbeinitführung bei ca. 8,7 m unterhalb der 10. Unstrutbank tritt Astrakanit im Halitit auf. Die astrakanitisch-vanthoffitische Halititzone ist in diesem Aufschluß ca. 5 m mächtig. Sie führt im untersten Teil neben Polyhalit und Vanthoffit Glauberit sowie vereinzelte D'Ansitnester.

Nordharzkaligebiet

Durch die genaue Kenntnis des Fundpunkts von D'Ansit im Unstrutkaligebiet wird die Beschreibung eines Vanthoffitvorkommens interessant, welches der Verfasser (MÖTZING 1960) aus der heute nicht mehr befahrbaren Grube Kleinschierstedt I/II des VEB Kaliwerk Staßfurt gegeben hat.

In mehreren Aufschlüssen wurde in der Liegendgruppe des Kalilagers Staßfurt unter Hartsalz Vanthoffit sicher nachgewiesen. Eine nochmalige Prüfung noch erhaltener damals untersuchter Dünnschliffe, in MÖTZING (1960, Abb. 130 bis 132) enthaltener Fotos sowie archivierter Vanthoffitproben aus den Aufschlüssen der Grube Kleinschierstedt I/II ergab, daß sogenannter Vanthoffit mit Zwillingslamellierung nachträglich eindeutig als D'Ansit zu identifizieren ist.

Eine Verwechslung von D'Ansit mit Vanthoffit war nur möglich, da in den Körnerpräparaten Lichtbrechung und Doppelbrechung beider Minerale fast gleich sind.

Der D'Ansit tritt im Grubenfeld Kleinschierstedt I/II in mindestens drei Fundpunkten auf, die insgesamt ca. 600 m auseinander liegen. Zum geologisch-petrographischen Profil sind nur noch wenige Angaben möglich:

In allen Fundpunkten tritt der D'Ansit stets neben Vanthoffit auf. Beide Minerale sind wie im Unstrutkaligebiet ca. 10 bis 12 m unterhalb der Leitbank F (= 10. Unstrutbank), das heißt im unteren Teil der Liegendgruppe zu finden. Oberhalb der d'ansitisch-vanthoffitischen Halititpartien ist der Halitit stets stärker astrakanitisch ausgebildet. Der mittlere und obere Teil der Liegendgruppe sowie der untere Teil der Hangendgruppe werden von einem z. T. stark polyhalitisch-langbeinitischen Halitit (sogenannter „Langbeinitfuß“) gebildet. Abbauwürdig war das Hartsalz 4 bis 5 m oberhalb der Leitbank F, obwohl die Sylvinführung bereits ca. 2 m oberhalb der Leitbank einsetzt. Das im unteren Teil polyhalitisch-langbeinitische, im oberen Teil polyhalitisch-kieseritische Hartsalz ist — im Gegensatz zum Unstrutkaligebiet — durchweg grau (!) gefärbt.

Der Vergleich der Fundpunkte des D'Ansits in beiden Kalirevieren zeigt also eine überraschende Gleichartigkeit seines Auftretens im Kalilager Staßfurt.

Eine kritische Durchsicht der Literatur läßt den Schluß zu, daß auch in den Gruben Berlepsch—Maybach (WEBER 1931) und Wilhelmshall—Dingelstedt (AUSBORN 1962) ein Auftreten von D'Ansit möglich ist. Aus beiden Gruben wurde Vanthoffit mit Zwillingserscheinungen beschrieben. Eine Verwechslung des scheinbar zwillingslamellierten Vanthoffits mit Carnallit kann durchaus möglich sein.

4. Makroskopische Beobachtungen

In allen Fundpunkten tritt der D'Ansit stets nur in geringen Mengen, keinesfalls als dominierendes Sulfatmineral auf. Vertikal kann der D'Ansit in einem Aufschluß über mehrere dm bis zu ca. 5 m auftreten. Aussagen zum horizontalen Auftreten des D'Ansits sind kaum möglich. Er dürfte sich ähnlich wie der Vanthoffit verhalten.

Im Gesteinsverband bildet der D'Ansit (wie der Vanthoffit) unregelmäßige bis 10 cm große fast monomineralische Nester und Schmitzen. In der Grube Kleinschierstedt I/II sind diese etwa schichtig angereichert; durchgehende D'Ansitschichten wurden nicht beobachtet. Nur sehr untergeordnet ist D'Ansit in kleinen Nestern enger mit Halit verwachsen.

Im Gegensatz zum Vanthoffit, der immer wasserklar bis schwach milchig trüb ist, ist der D'Ansit stets schwach bis intensiv violett gefärbt. Dadurch kann er makroskopisch leicht mit violettem Kainit verwechselt werden.

Von Vanthoffit unterscheidet sich der D'Ansit deutlich durch Körnigkeit und Glanz. Während der Vanthoffit stets grobkristallin ist und einen lebhaften Glasglanz zeigt, ist der D'Ansit fein- bis mittelkristallin und weist einen seidenartigen Glanz auf. Der für den Vanthoffit typische muschelige Bruch fehlt dem D'Ansit. An trockener Luft ist D'Ansit beständig; an feuchter Luft bildet sich langsam eine dünne weiße Kruste.

5. Mikroskopische Beobachtungen

Der D'Ansit zeigt im Dünnschliff ein ausgeprägtes negatives Relief gegenüber der Halitmatrix. Bei der Untersuchung von Dünnschliffen im einfach polarisierten Licht sind Astrakanit, Vanthoffit und D'Ansit ohne große Erfahrung nicht voneinander zu unterscheiden.

Die Lichtbrechung des D'Ansits ist wenig geringer als n_γ des Vanthoffits (1,489). Damit werden die aus der neueren Literatur bekannten Werte bestätigt (Tabelle). Der D'Ansit ist zum weitaus überwiegenden Teil doppelbrechend. In einzelnen Aggregaten sind Partien zu beobachten, die scheinbar isotrop sind (Abb. 5), vor allem bei schlauchförmiger Ausbildung. Mit dem Hilfsblättchen Rot I kann die Anisotropie nur teilweise deutlich gemacht werden. Ob diese Mineralpartien exakt isotrop sind, kann nicht endgültig entschieden werden. Geben GÖRGEY (1909)

Tab. Vergleich kristallographischer und mineralogischer Daten des D'Ansits

	GÖRGEY (1909)	AUTENRIETH & BRAUNE (1958)	STRUNZ (1958)	BURZLAFF (1961); BURZLAFF & HELLNER (1961)	YIHUA, WEITIAN & KEQIN (1975)	MÖTZING (1978)
Kristallsystem		kubisch	kubisch	vermutlich rhombisch		vermutlich rhombisch
Raumgruppe			T_d^3 — I $\bar{4}$3 m	in Näherung I $\bar{4}$3 d	I $4_1$32	
Gitterkonstante (a_0)			15,90 Å	15,9132 ± 5 Å	15,95 Å	
Formeleinheiten pro Elementarzelle (Z)			4	3,997; ≈ 4		
Lichtbrechung (n_{Na})	1,503	1,489		1,489	1,488 ± 0,001[1] 1,487 ± 0,001[2]	zwischen 1,488 und 1,489
Doppelbrechung; optischer Charakter	isotrop	isotrop		schwache anomale Doppelbrechung; isotrop oberhalb 265 °C; $\Delta \approx 0{,}0005$; 2achsig positiv	Angaben ungenau	doppelbrechend; partienweise Isotropie möglich; $\Delta \approx 0{,}0005$; 2achsig positiv
Zwillingsbildung				lamellar nach $(110)_{kub}$ verzwillingt		komplex-lamellar verzwillingt
Dichte	2,589—2,591	2,655		2,58 ± 0,03	2,63[1]) 2,58[2])	2,65 ± 0,01
Mohs'sche Härte			$2^1/_2$—3	2,5—3	3	2,5—3
Farbe; Glanz	gelblich; durchscheinend bis durchsichtig; fettglänzend					schwach bis intensiv violett gefärbt; seidenartiger Glanz
Geschmack	schwach salzig					schwach salzig-bitter
Löslichkeit	in Wasser ziemlich leicht löslich				in Wasser schnell und vollständig löslich (bei 18 °C)	in Wasser schnell u. vollständig löslich
thermisches Verhalten	im Kölbchen ohne Wasserabgabe leicht zu trüber grauer Masse schmelzend	schmilzt über Bunsenflamme zu einer trüben leichtflüssigen Schmelze		Schmelzpunkt S_m = 595 °C ± 5 °C; Doppelbrechung verschwindet bei 265 °C	Infrarot-Spektralanalysen mit Banden bei 2,85 μ, 9 μ und 17 μ; DTA-Analysen mit Linien bei 520 °C und 620 °C	

[1]) Messungen am natürlichen D'Ansit
[2]) Messungen am synthetischen D'Ansit

für den natürlichen und AUTENRIETH & BRAUNE (1958) für den synthetischen D'Ansit noch Isotropie an, beobachtete BURZLAFF (1961) am synthetischen D'Ansit erstmals eine schwache, doch deutliche anomale Doppelbrechung sowie eine lamellare Verzwillingung, die bei 265 °C wieder verschwand. Die Doppelrechnung $\Delta = n_\gamma - n_\alpha$ beträgt vermutlich um 0,0005. Auch BURZLAFF (1961) gibt bereits einen Wert in dieser Höhe an. Sämtliche D'Ansitkristalle zeigen in den Dünnschliffen Grau I. Die Bestimmung des optischen Charakters ist infolge der starken Verzwillingung des D'Ansits nicht immer eindeutig; im allgemeinen ist er optisch zweiachsig positiv mit großem Achsenwinkel.

D'Ansit tritt stets in unregelmäßigen xenoblastischen Aggregaten auf (Abb. 2). Untergeordnet sind die Aggregate poikilitisch ausgebildet. Die dann schlauchartig zergliederten D'Ansitkristalle umschließen kleine rundliche bis ovale Halitkörner. Nur selten sind an den D'Ansitaggregaten gegenüber dem Halit ebene Kristallflächen zu beobachten, die auf echte Pseudomorphosen von D'Ansit nach Vanthoffit hinweisen (Abb. 5). Die Größe der D'Ansitaggregate schwankt im Dünnschliff zwischen 4 und (mindestens) 25 mm. Die xenoblastischen Aggregate zeigen keinerlei Spaltbarkeit. Häufig sind dagegen unregelmäßige Risse im D'Ansit. Lösungsbahnen sind nur vereinzelt vorhanden.

Sehr charakteristisch für den D'Ansit sind bei gekreuzten Nicols zu beobachtende feinlamellare Zwillingssysteme (Abb. 2—6). Sie erleichtern die Identifizierung des Minerals außerordentlich. Die Zwillingslamellierung ist offensichtlich nicht durch Verformung (beim Schlagen bzw. Schneiden der Probestücke) entstanden. Das stimmt auch mit den Beobachtungen am synthetischen D'Ansit überein (BURZLAFF 1961; BURZLAFF & HELLNER 1961). Nach BURZLAFF (1961) treten Zwillingslamellen an allen synthetischen Kristallen auf, so daß es nicht gelungen war, an nicht verzwillingtem Material Strukturuntersuchungen durchzuführen.

Die Lamellensysteme im natürlichen D'Ansit setzen nicht gleichmäßig durch das gesamte Korn oder durch dessen Teilbereiche (wie z. B. beim Carnallit). Die Lamellensysteme sind äußerst wechselnd in Ausbildung und flächenhafter Ausdehnung. Vielfach keilen die Lamellen in den Teilbereichen aus oder sie sind fiederartig geordnet und geben einigen Teilbereichen des D'Ansits ein „flammenartiges" Aussehen. Öfter durchkreuzen sich die Zwillingslamellen gitterförmig (unter und 90 °!) (Abb. 4≈5). Wie die einfache

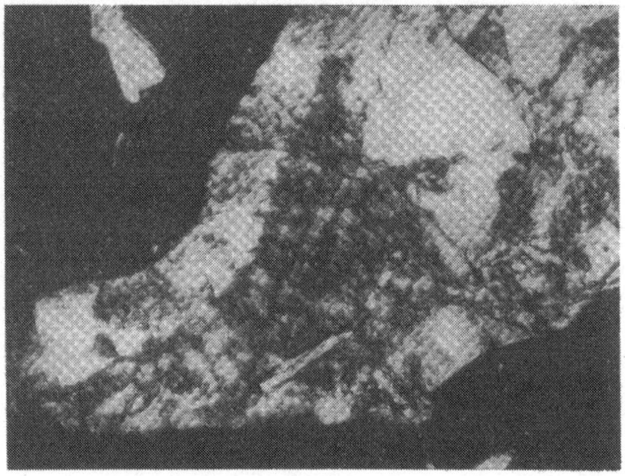

Abb. 2. Großes polysynthetisch verzwillingtes D'Ansitaggregat mit Polyhalitleisten im Halit (ausgelöscht). Auffallend heller Saum am Rand des D'Ansitaggregats
Grubenfeld Roßleben I/II
Polarisationsmikroskopische Aufnahme, N+, Länge der Bildkante = 3,0 mm

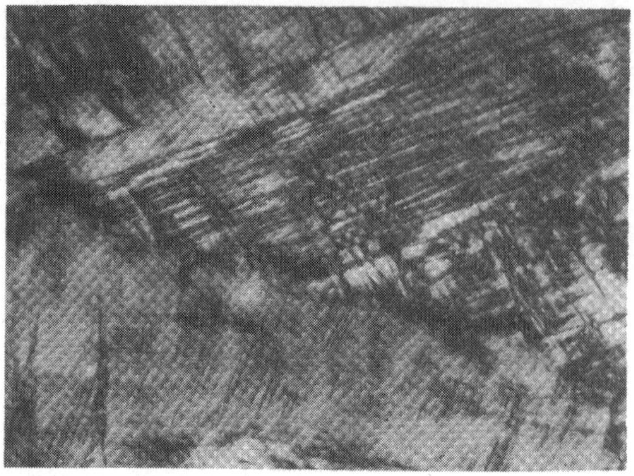

Abb. 4. Detail eines polysynthetisch verzwillingten D'Ansitaggregats
Grubenfeld Roßleben I/II
Polarisationsmikroskopische Aufnahme, N+, Länge der Bildkante = 1,2 mm

Lamellierung ist auch die Zwillingsgitterung sehr „absetzig".
Aus der äußerst verschiedenen Orientierung der Zwillingslamellen in den D'Ansitpartien kann abgeleitet werden, daß die makroskopisch bis 10 cm großen Nester und Schmitzen aus vielen kleinen, unterschiedlich orientierten, eng verzahnten xenomorphen Teilkristallen bestehen (Abb. 2 und 3); Korngrenzen sind mikroskopisch nicht sichtbar wegen der sehr geringen Doppelbrechung und anderer fehlender charakteristischer Eigenschaften (z. B. Spaltrisse). Das deckt sich auffallend mit der makroskopisch fein- bis mittelkristallinen Ausbildung des D'Ansits (im Gegensatz zum fast durchweg grobkristallinen Vanthoffit!).
Die Zwillingslamellierung ist nicht durchgängig im gesamten D'Ansit vorhanden. In den (scheinbar) isotropen Teilbereichen des D'Ansits fehlt eine Lamellierung; sie setzt ohne optisch erkennbare Ursache ein. Bemerkenswert sind schmale verzwillingte Säume am Rand von D'Ansitschläuchen, die dann in großflächige verzwillingte D'Ansitpartien übergehen. Gleichartige bei gekreuzten Nicols wesentlich hellere, deutlich vom Aggregatinnern abgesetzte

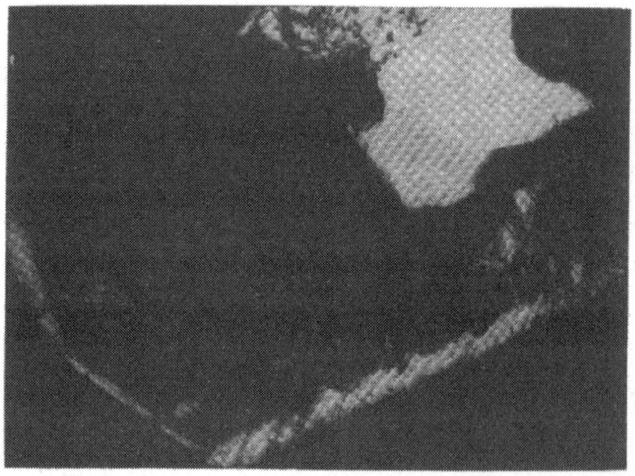

Abb. 5. Pseudomorphose von D'Ansit nach Vanthoffit. Am Rand der Pseudomorphose heller verzwillingter D'Ansitsaum, im Innern z. T. fast isotroper D'Ansit mit unregelmäßigem Vanthoffitrelikt (weiß)
Grubenfeld Kleinschierstedt I/II
Polarisationsmikroskopische Aufnahme, N+, Länge der Bildkante = 2,9 mm

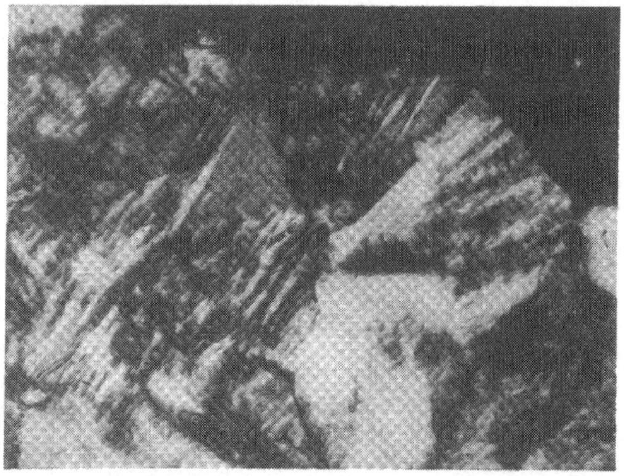

Abb. 3. Detail eines polysynthetisch verzwillingten D'Ansitaggregats am Rand von Halit (ausgelöscht)
Grubenfeld Roßleben I/II
Polarisationsmikroskopische Aufnahme, N+, Länge der Bildkante = 1,2 mm

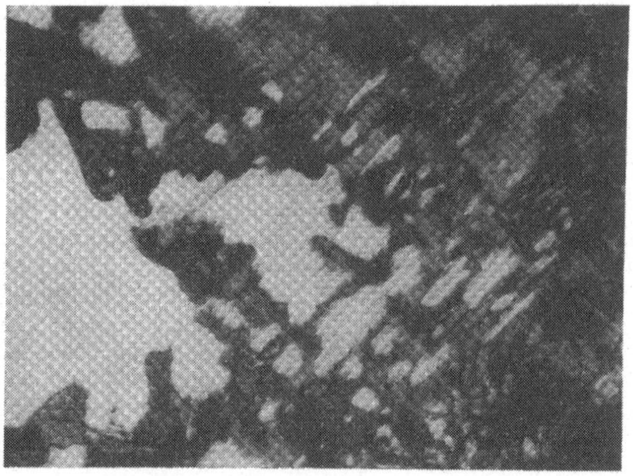

Abb. 6. Vanthoffitrelikt (weiß) in einem polysynthetisch verzwillingten D'Ansitaggregat
Grubenfeld Roßleben I/II
Polarisationsmikroskopische Aufnahme, N+, Länge der Bildkante = 2,9 mm

Abb. 7. Geflammt aussehendes Vanthoffitgerüst (hell) als Relikt der Verdrängung des Vanthoffits durch D'Ansit (fast ausgelöscht)
Grubenfeld Roßleben I/II
Polarisationsmikroskopische Aufnahme, N+, Länge der Bildkante = 1,2 mm

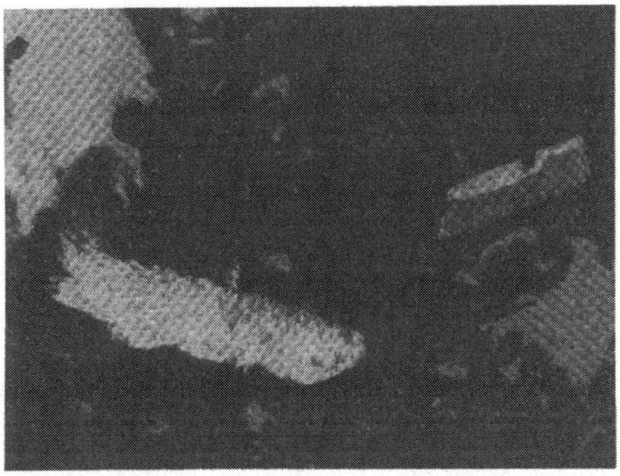

Abb. 9. Verzwillingter Glauberitkristall und Pseudomorphose von Polyhalit nach Glauberit neben unregelmäßigen Vanthoffitrelikten (hellgrau) in einem polysynthetisch verzwillingten D'Ansitaggregat (fast ausgelöscht)
Grubenfeld Roßleben I/II
Polarisationsmikroskopische Aufnahme, N+, Länge der Bildkante = 1,2 mm

Säume bis zu 0,5 mm Breite sind z. T. am Rand stark verzwillingter D'Ansitkristalle zu beobachten (Abb. 2).

In den D'Ansitaggregaten treten in sehr unterschiedlicher Menge Vanthoffitrelikte auf (Abb. 5, 6 und 9). Die reliktischen Vanthoffitkristalle können stark zergliedert oder rundlich-oval bis schlauchartig ausgebildet sein. Sehr häufig löschen viele, manchmal alle Relikte im D'Ansit gleichzeitig aus; sie sind damit Teile ehemals großer Vanthoffitkristalle.

Wichtig ist, daß D'Ansit- und Vanthoffitbereiche beim Eindecken der Dünnschliffe infolge der mechanischen Beanspruchung an den Korngrenzen auseinanderdriften.

Bemerkenswert sind unregelmäßige Verwachsungen von D'Ansit und Vanthoffit, die dem Vanthoffit ein geflammtes bis myrmekitähnliches Aussehen geben (Abb. 7). Der D'Ansit dringt, meist deutlich verzwillingt, unregelmäßig bis schlauchförmig in den Vanthoffit vor (Abb. 8). Bei der Verdrängung von Vanthoffit durch D'Ansit bleibt ein $\pm$ zusammenhängendes Vanthoffitgerüst bestehen. Das Vanthoffitgerüst löscht einheitlich aus und macht bei

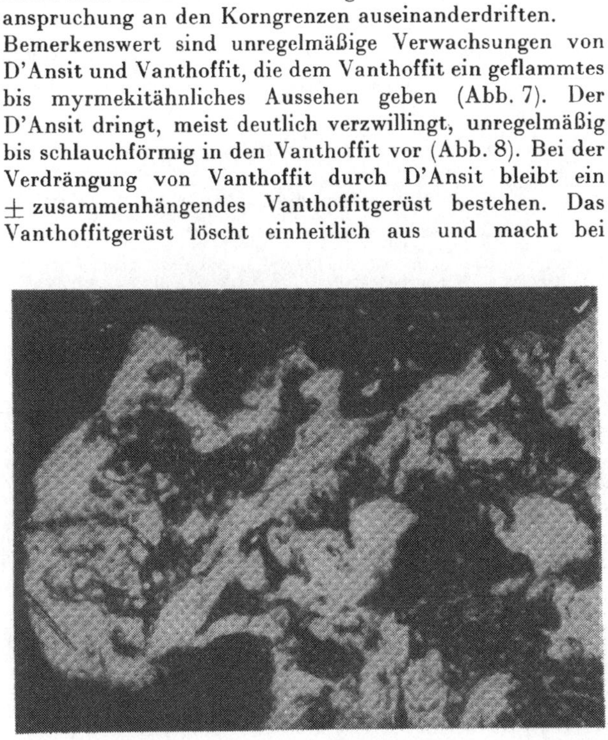

Abb. 8. Xenoblastischer Vanthoffitkristall (weiß) wird durch schlauchförmig vordringenden polysynthetisch-verzwillingten D'Ansit verdrängt
Grubenfeld Roßleben I/II
Polarisationsmikroskopische Aufnahme, N+, Länge der Bildkante = 2,8 mm

Nichterkennen dieser Art Mineralverwachsung (wegen der nahezu gleichen Lichtbrechung beider Minerale) erhebliche diagnostische Schwierigkeiten.

Außer reliktisch im D'Ansit sind im Halit Vanthoffitkristalle vorhanden, die keinerlei Umbildungserscheinungen zeigen. Die bis 15 mm großen Kristalle sind xenomorph, teils poikiloblastisch ausgebildet und stets völlig unverzwillingt. Teils sind die Kristalle $\pm$ stärker zergliedert (wie Sylvin), teils treten sie örtlich gehäuft in gerundeten (reliktischen) Körnchen im Halit auf. Dann zeigen viele benachbart liegende Relikte gleiche Auslöschung. Vereinzelt liegen auch kleine rundliche Vanthoffitkörnchen (ohne D'Ansitsäume) im Halit in unmittelbarer Nähe der D'Ansitaggregate. Vanthoffitrelikte im Halit und im D'Ansit zeigen ebenfalls oft gleiche Auslöschung. Offensichtlich sind die Vanthoffitrelikte durch den Halit vor der Umbildung in D'Ansit geschützt worden. Auffallend sind im Vanthoffit gehäuft auftretende Lösungsbahnen, die an den Korngrenzen zum D'Ansit plötzlich absetzen.

Genetisch wichtig sind die Begleitminerale des D'Ansits und Vanthoffits. Als weitere Minerale treten in den Dünnschliffen Glauberit, Astrakanit, Polyhalit, Ascharit, Talk, Quarz, Erz und Tonmaterial auf.

Glauberitkristalle sind im Grubenfeld Roßleben I/II vereinzelt vorhanden (Abb. 9). Die langprismatischen, 0,2 bis 2 mm großen Kristalle sind hypidiomorph bis idiomorph ausgebildet und z. T. einfach verzwillingt. Selten wird Glauberit von Polyhalitaggregaten durchsetzt. In einem Dünnschliff wurden unmittelbar neben Glauberitkristallen Pseudomorphosen von feinfilzigem Polyhalit nach Glauberit beobachtet (Abb. 9), so daß alle Übergänge von Glauberit in Polyhalit erwartet werden können.

Polyhalit tritt als Durchläufer im Halit, Vanthoffit und D'Ansit völlig gleichartig, locker verteilt und allgemein in kleinen Aggregaten, auf. Er ist deutlich häufiger als Glauberit. Bevorzugt ist er an fetzenartig oder schlierig auftretendes toniges Material gebunden.

Im Grubenfeld Kleinschierstedt I/II tritt neben D'Ansit selten Astrakanit auf. Oberhalb der vanthoffitisch-d'ansitischen Halititpartie ist Astrakanit dagegen häufig vorhanden.

Ascharit in feinsten Fäserchen und Igeln (Kleinschierstedt I/II) sowie Talk in feinsten Blättchen und in bis zu 1 mm großen Aggregaten (Roßleben I/II) sind im Halit nur vereinzelt vorhanden. Selten führt der Vanthoffit kleine xenomorphe nicht bestimmbare Einschlüsse.

6. Weitere physikalische Daten

Einige am D'Ansit aus dem Unstrutkaligebiet ermittelte physikalische Konstanten sind in der Tabelle angegeben. Die Tabelle enthält weiterhin die wichtigsten bisher am synthetischen und natürlichen D'Ansit ermittelten kristallographischen und mineralogischen Daten.
Infolge der z. T. engen Verwachsung von D'Ansit mit Vanthoffit sind die Dichtewerte mit Sicherheit geringfügig verfälscht. Die Dichtebestimmung wurde pyknometrisch mit einem Bromoform-Tetrachlorkohlenstoff-Gemisch bei 20°C durchgeführt. Sicher bestimmt wurde D'Ansit durch einige röntgenographische Untersuchungen mit dem Röntgenzählrohrgoniometer HZG 1 des VEB Freiberger Präzisionsmechanik. Auf eine tabellarische Angabe der d-Werte wurde verzichtet, da diese gut mit den von STRUNZ (1958) angegebenen Werten übereinstimmen. Die Röntgenaufnahmen fertigte dankenswerterweise Herr Dipl.-Phys. D. PETER, Sondershausen, an. Thermische Untersuchungen am D'Ansit wurden bisher zurückgestellt; sie sind für einen späteren Zeitpunkt vorgesehen. Eine detaillierte Bewertung der z. T. widersprüchlichen Angaben zum D'Ansit in der Tabelle soll an dieser Stelle nicht gegeben werden.

7. Genese

D'Ansit ist wie Löweit, Astrakanit und Vanthoffit im Sinne von BRAITSCH (1962) als lösungsmetamorphe Bildung in der ozeanen Salzlagerstätte des Zechsteins 2 zu deuten. Die petrographischen Untersuchungen beweisen seine Entstehung aus Vanthoffit bei steigendem Na_2SO_4-Angebot über ca. 54°C. Das gleichzeitige Auftreten von Glauberit und Polyhalit im vanthoffitisch-d'ansitischen Halitit spricht weiterhin für $CaSO_4$-haltige Metamorphoselösungen. Eine mögliche weitergehende Umbildung des D'Ansits zu Thenardit wurde bisher nicht beobachtet. Eine lösungsmetamorphe Umwandlung des Astrakanits in D'Ansit ist ebenfalls nicht auszuschließen. Die petrographischen Beobachtungen zum D'Ansit stehen mit den umfangreichen theoretischen Untersuchungen über dessen Existenzbedingungen nunmehr in völligem Einklang. Der Autor hält es für dringend erforderlich, sorgfältige Mineralbeschreibungen in der Literatur, älteres Dünnschliffmaterial und Fundpunkte von Vanthoffit (sowie Astrakanit und Thenardit) nochmals einer strengen wissenschaftlichen Prüfung zu unterziehen, um mögliche unerkannte D'Ansitvorkommen oder Fehldeutungen aufzudecken. Es kann mit großer Wahrscheinlichkeit angenommen werden, daß D'Ansit — wenn auch selten — doch häufiger ist als bisher vermutet.

Zusammenfassung

In der vorliegenden Arbeit werden erstmals mehrere D'Ansitvorkommen aus der ozeanen Salzlagerstätte des Zechsteins 2 beschrieben. Vorrangig makroskopische und mikroskopische Untersuchungsergebnisse am D'Ansit aus dem Unstrut- und Nordharzkaligebiet werden mitgeteilt. D'Ansit ist lösungsmetamorphes Umbildungsprodukt aus Vanthoffit.

Резюме

В настоящем труде впервые описываются несколько проявлений дансита из океанического соляного месторождения цехштейна 2. Преимущественно описываются макроскопические и микроскопические результаты исследования дансита из калиевых областей Унструта и Северного Гарца. Дансит является растворенно-метаморфическим продуктом из вантгоффита.

Summary

Several D'ansite occurrences from the oceanic salt deposit of the Zechstein 2 are described for the first time, with precedence given to informations on macroscopic and microscopic test results of D'ansite from the Unstrut and Northern Harz potash district. D'ansite is a solution-metamorphic product of alteration of vanthoffite.

Literatur

AUSBORN, J.: Mineralogisch-petrographische Untersuchungen in der Salzgrube Wilhelmshall-Dingelstedt des Kaliwerkes Staßfurt. — Dipl.arb., Univ. Jena, 85—88, Jena 1962.

AUTENRIETH, H.: Über das Zustandekommen und die Bedeutung metastabiler Lösungsgleichgewichte bei der Verarbeitung von Kalirohsalzen. — Kali u. Steinsalz, **5**, 158—165, Essen 1969.

AUTENRIETH, H.; BRAUNE, G.: Ein neues Salzmineral, seine Eigenschaften, sein Auftreten und seine Existenzbedingungen im System der Salze ozeanischer Salzablagerungen. — Naturwissenschaften, **45**, 362—363, Berlin 1958.

— Weitere Untersuchungen im stabilen und metastabilen Gebiet des reziproken Salzpaares $Na_2Cl_2 + MgSO_4 + H_2O$ bei Sättigung an NaCl. — Kali u. Steinsalz, **3**, 85—97, Essen 1960.

BRAITSCH, O.: Entstehung und Stoffbestand der Salzlagerstätten. — Springer-Verlag, Berlin, Göttingen, Heidelberg 1962.

BURZLAFF, H.: Zur Struktur des D'Ansit. — Dissertation Univers. Kiel, Kiel 1961.

BURZLAFF, H.; HELLNER, E.: Zur Struktur des D'Ansit. — Z. Elektrochemie, **65**, 565—571, Weinheim 1961.

ELERT, K.-H.: Natrium-Magnesium-Doppelsulfatminerale im oberen Zechstein 2. — Z. angew. Geol., **23**, 582—589, Berlin 1977.

GÖRGEY, R.: Salzvorkommen aus Hall in Tirol. — Tschermaks. mineral. u. petrogr. Mitt., **28**, 334—346, Wien 1909.

JANATJEWA, O. K.; ORLOWA, W. T.: Wsaimodeistwie solei w sisteme Na, Mg//Cl, SO_4-H_2O (Zusammenwirken der Salze im System Na, Mg//Cl, SO_4-H_2O). — Sh. neorgan. chimii, **8**, 1789, Moskau 1963.

MÖTZING, R.: Mineralogisch-petrographische Untersuchungen auf der Schachtanlage II in Giersleben des VEB Kaliwerk Staßfurt (vormals Kaliwerk „Freundschaft", Schierstedt, Schachtanlagen I/II). — Dipl.arb,, Univ. Jena, 160—167, Jena 1960.

RADCZEWSKI, O. E.: Feine Teilchen (Stäube) in Natur und Technik, ihre Bestimmung als Verunreinigungen und der Nachweis von Fluorverbindungen in der Luft. — Ber. dt. keram. Gesellsch., **45**, 550—556, Bad Honnef 1968.

SEYFARTH, H.-H.: Umbildungserscheinungen in Salzgesteinen der Staßfurtserie. — Diss., Univ. Jena, Jena 1966.

SOLOWJEWA, E. F.: Nowoi dwonoi sulfat $9Na_2SO_4 \cdot MgSO_4$ (Ein neues Doppelsulfat $9Na_2SO_4 \cdot MgSO_4$). — Trudy WNIIG, **31**, 180—187, Leningrad 1956.

— Issledowanie graniz polja kristallisazii $9Na_2SO_4 \cdot MgSO_4 \cdot 3NaCl$ pri 75 i 95°C (Untersuchung der Grenzen des Kristallisationsfeldes von $9Na_2SO_4 \cdot MgSO_4 \cdot 3NaCl$ bei 75 und 95°C). — Trudy WNIIG, **52**, 51—57, Leningrad 1967.

— Issledowanie stabil'noi oblasti kristallisazii nonasulfata w sisteme Na, Mg//Cl, SO_4-H_2O (Untersuchung des stabilen Kristallisationsbereiches des Nonasulfats im System Na, Mg//Cl, SO_4-H_2O). — Trudy WNIIG, **59**, 177—190, Leningrad 1972.

STRUNZ, H.: Kristallographie von D'Ansit, ein auf marin-sedimentären Lagerstätten zu erwartendes Salz. — N. Jb. Min., Mh., 152—155, Stuttgart 1958.

TIMOSCHENKO, JU. M.: Rastworimost w sisteme Na, K, Mg//Cl, SO_4-H_2O pri temperaturach kipen'ja (Die Löslichkeit im System Na, K, Mg//Cl, SO_4-H_2O bei Siedetemperaturen). — Sh. neorgan. chimii, **16**, 801—803, Moskau 1971.

WEBER, K.: Geologisch-petrographische Untersuchungen am Staßfurt-Egelner Sattel unter besonderer Berücksichtigung der Genese der Polyhalit- und Kieserit-Region. — Kali u. verw. Salze, **25**, 67, Halle 1931.

YIHUA, Q.; WEITIAN, H.; KEJIN, C.: Mineralogische Studie über D'Ansit, ein seltenes Salzmineral; erster Fund in China. — Geologica Sinica, 180—186, (1975); sowie Referat dazu: KÜHN, R.: Kali u. Steinsalz, **7**, 174—175, Essen 1977.

Blähkriterien und ihre Eignung zur Charakterisierung des Blähverhaltens schwach metamorpher Pelite

SCHRÖDER, N., Jena; SCHÖNE, J., Dresden

(Mitteilung aus dem VEB Geologische Forschung und Erkundung Halle und dem Institut für mineralische Rohstoff- und Lagerstättenwirtschaft, Dresden).

1. Vorbemerkungen

Das Interesse an Leichtzuschlagstoffen (LZS) resultiert vorwiegend aus deren guten Gebrauchswerteigenschaften, die in erster Linie in einer hohen Wärmedämmung, guten Schallisolierung und niedrigen Dichte bestehen (Tab. 1). In der DDR werden Leichtzuschlagstoffe ausschließlich künstlich hergestellt und für wärmedämmend-konstruktive Wandelemente verwendet. Der verstärkte Einsatz von Leichtzuschlagstoffen ist heute besonders unter dem Aspekt des leichten ökonomischen Bauens und der rationellen Energieanwendung dringendes Erfordernis. Man muß aber darauf hinweisen, daß eine Substitution von Schwerbeton durch konstruktiven Leichtbeton (Verringerung der Transport- und Montagemassen um 25 bis 40%, Senkung des Stahlverbrauchs um 8 bis 16%) nur in solchen Gebieten möglich ist, in denen natürliche Schwerzuschlagstoffe nicht produziert werden bzw. nicht vorkommen, eine Leichtzuschlagstoffproduktion besteht und wesentliche Einsparungen durch geringe Rohdichte erreicht werden (ECKLER & WEISE 1971). Ursachen dafür sind u. a. der höhere Zementverbrauch und die höheren Herstellungskosten des Leichtzuschlagstoffs.

2. Grundprinzipien des Blähprozesses

Zur Herstellung künstlicher Leichtzuschlagstoffe werden natürliche Rohstoffe und industrielle Anfallstoffe eingesetzt, die durch Wärmebehandlung (Blähen) einen merklichen Dichteverlust erleiden. Dabei gelten folgende Prämissen:

a) Ein industriell blähfähiger Rohstoff muß auf eine Temperatur erhitzt werden, bei der er einen pyroplastischen Zustand mit günstiger Viskosität erreicht.

b) Zum gleichen Zeitpunkt muß im Blähkörper eine Gasmenge freigesetzt werden, die das pyroplastische Material aufbläht.

Neben diesen Grundvoraussetzungen des Bläheffektes müssen nach SCHELLMANN u. FASTABEND (1963), HOFFMANN (1968), ONACKI (1968, 1971) u. a. Autoren folgende Bedingungen realisiert sein:

— Die Hochtemperaturviskosität soll beim Blähprozeß mindestens $10^0 \cdots 10^6$ Poise betragen.

— Der pyroplastische Zustand mit der optimalen Viskosität muß, damit der Rohstoff technologisch beherrscht werden kann, innerhalb eines ausreichend großen Temperaturbereichs beständig sein. Dieses sogenannte Erweichungsintervall (zwischen Sinter- und Schmelzpunkt) soll mehr als 50 °C betragen.

Eingang des Manuskripts in der Redaktion: 11. 5. 1978.

Tabelle 1

	Trockenrohdichte (t/m³)	Wärmeleitzahl (kcal/h m grd)
Zementbeton mit Splitt und Kies	1,8···2,8	1,3···1,75
Dichter Silikatbeton	~ 1,9	1,1···1,23
Leichtbeton	0,3···1,0	0,2···0,68

Angaben nach WEISE & ECKLER (1971)

— Zwischen Kern und Oberfläche des Rohstoffkorns muß eine genügend große Temperaturdifferenz herrschen, damit das für die physikochemischen Vorgänge der Dampf- und Gasabspaltung nutzbare Temperaturspektrum ausreichend breit und, daraus folgend, das für den Blähvorgang nutzbare Gasvolumen ausreichend groß ist.

— Die Rohstoffkörper müssen bereits unterhalb des Erweichungspunktes eine äußerst geringe Permeabilität und eine gute Kohäsion besitzen, damit ein zu rasches Entweichen von bei tieferen Temperaturen freigesetzten Gasphasen und ein Zersprengen bzw. Zerplatzen der Granalien verhindert werden.

— Die Blähtemperaturen sollen 1300 °C nicht überschreiten, damit der Energieaufwand in vertretbaren Grenzen bleibt.

Unter den natürlichen Rohstoffen zur Herstellung künstlicher Leichtzuschlagstoffe besitzen unverfestigte und verfestigte pelitische Sedimente die bei weitem größte Bedeutung. Ihr Blähvermögen hängt von ihrer mineralogischen und, daraus folgend, in gewissem Maße ihrer chemischen Zusammensetzung, dem Gefüge und dem Korngrößenaufbau der Minerale ab.
Während verfestigte Pelite prinzipiell ein natürliches Blähvermögen aufweisen müssen, kann das Blähvermögen pelitischer Lockersedimente durch den Zusatz von Blähhilfsmitteln positiv beeinflußt werden. Modifizierenden Einfluß auf das Blähvermögen haben außerdem technologische Kenngrößen, wie die Art der Wärmebehandlung (Vorwärmen, Aufheizgeschwindigkeit, Höhe der Blähtemperatur, Blähzeit), Granalienform und -größe, die Packungsdichte des Aufgabegutes, die Art der Atmosphäre im Brennaggregat u. a. m.
Einen Überblick über die physikochemischen Prozesse, die den Blähprozeß verursachen, vermittelt eine Darstellung in Anlehnung an ONACKI (1971) (Abb. 1). Für die Dampf- und Gasabspaltung wesentliche physikochemische Prozesse sind die Dehydratation, Oxidation, Dissoziation und Reduktion, von denen einzelne oder mehrere Gesteinsbestandteile, z. T. in unterschiedlichem Maße, betroffen werden und die zur Abspaltung unterschiedlicher Dampf- und Gasphasen führen. Wesentlich für den Blähprozeß sind

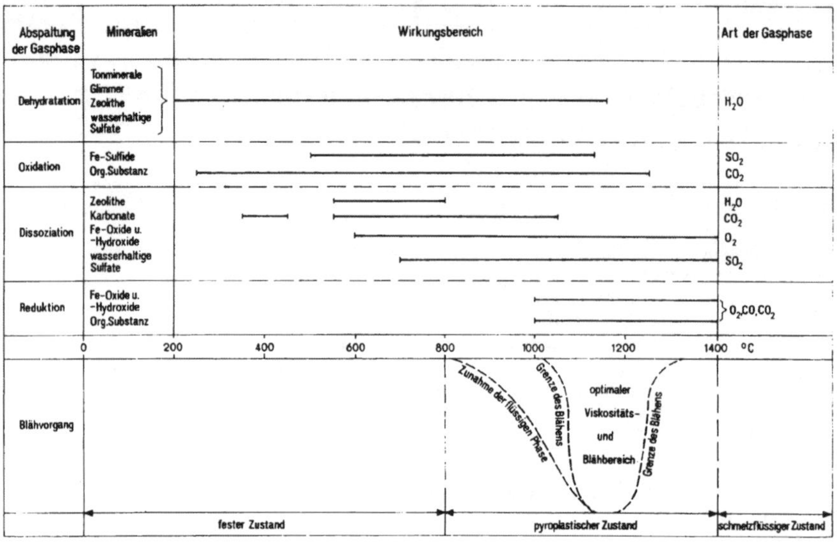

Abb. 1. Schema der physikochemischen Vorgänge beim Blähen toniger Gesteine
nach ONACKI (1971)

dabei in erster Linie die Vorgänge, die zur Abspaltung von Gasphasen in dem Temperaturbereich führen, in dem der pyroplastische Zustand eine optimale Viskosität erreicht hat, also etwa zwischen 1000° und 1300°C. Das sind in untergeordnetem Maße Dehydratationsvorgänge bei Tonmineralen, Glimmern, Zeolithen und wasserhaltigen Erdalkalisulfaten, ferner Dissoziationsvorgänge bei Zeolithen, Eisenoxiden, Eisenkarbonaten, Kalziumkarbonat und wasserhaltigen Sulfaten mit der Abspaltung von vorwiegend CO_2, die meist allerdings bei etwas zu niedrigen Temperaturen ablaufen. Von wesentlicher Bedeutung sind die Oxidation von Eisensulfid und von organischer Substanz unter Bildung von SO_2 und CO_2 und die Reduktionsvorgänge im Zusammenwirken von Fe^{III}-Oxiden und -Hydroxiden und organischer Substanz mit der Bildung von O_2, CO und CO_2.

Die Einflußgrößen, die das Erreichen eines pyroplastischen Zustands mit optimaler Viskosität über ein ausreichend großes Erweichungsintervall bei wirtschaftlich vertretbaren Blähtemperaturen bewirken, sind in diesem Schema nicht dargestellt. Von Bedeutung ist hierbei das Verhältnis von SiO_2:Al_2O_3:Summe der Flußmittel (FeO, Fe_2O_3, K_2O, Na_2O, CaO, MgO).

3. Blähkriterien

Ausgehend von den Blähursachen wurden von verschiedenen Autoren auf empirischer Grundlage Kriterien zur Beurteilung des Blähvermögens pelitischer Gesteine abgeleitet. Entsprechend den Grundvoraussetzungen für den Blähprozeß —

- pyroplastischer Zustand mit optimaler Viskosität und
- Entstehen von Blähgasen zum Aufblähen des pyroplastischen Rohstoffs —

werden einerseits Kriterien genannt, die in erster Linie Faktoren berücksichtigen, welche die Voraussetzung für einen pyroplastischen Zustand mit optimaler Viskosität bilden, andererseits solche Kriterien, die die Möglichkeit zur Entstehung der für den Blähprozeß erforderlichen Blähgase charakterisieren.

Zur erstgenannten Gruppe gehören die Kriterien, die lediglich die anorganisch-chemischen Komponenten des Rohstoffs berücksichtigen und in denen die ebenfalls für die Blähgasbildung bedeutsamen Komponenten CaO, MgO, Fe_2O_3 bzw. FeO nur in ihrer Bedeutung als Flußmittel betrachtet werden. Hierzu rechnen die durch zulässige Intervalle bzw. Grenzwerte für die einzelnen Komponenten gekennzeichneten Bläheignungsbereiche, wie sie von SOLONINKO (1957) und KRUSEL (1958) abgeleitet wurden, vor allem aber die Dreistoffdiagramme mit den Koordinaten SiO_2, Al_2O_3 und der Summe der Flußmittel, in die Blähfelder eingetragen sind (RILEY 1951, WILSON 1953, HOFFMANN 1969). Die organischen Bestandteile des Rohstoffs und damit eine wesentliche Komponente für die Blähgasbildung werden neben den anorganisch-chemischen Komponenten in den von GERVIDS (1967) und ONACKI (1968) abgeleiteten Bläheignungsbereichen berücksichtigt. Auf die Beziehungen zwischen Korngrößenaufbau und Blähverhalten haben FASTABEND & RUYTER (1953), ALBERT (1957) und POGONOI & USTIMENKO (1968) hingewiesen. Vorstellungen über den Einfluß des Mineralbestandes auf das Blähvermögen der Rohstoffe wurden von WALZ u. WISCHKES (1964) und ONACKI (1968) mitgeteilt.

4. Kritische Betrachtungen der Blähkriterien

Neue Untersuchungen boten die Möglichkeit, einige dieser Kriterien hinsichtlich ihrer Aussagefähigkeit für die Beurteilung des Blähvermögens schwach metamorpher Pelite kritisch zu überprüfen. In den Abb. 2 bis 5 sind für die einzelnen chemischen Komponenten die von SOLONINKO (1957), KRUSEL (1958) und ONACKI (1968) abgeleiteten Bläheignungsbereiche den Ergebnissen neuer Blähuntersuchungen an schwach metamorphen Peliten aus den Grundgebirgsanschnitten im S-Teil der DDR gegenübergestellt. Außerdem wurde die Verteilung der einzelnen chemischen Komponenten anhand aller zur Verfügung stehenden Vollanalysen derartiger Schiefer aus dem S-Teil der DDR dargestellt. Wie Abb. 2 zeigt, sind nach ONACKI (1968) Gesteine mit SiO_2-Gehalten von 48···74% blähbar. Nach SOLONINKO (1957) liegen die entsprechenden Grenzen bei 50 und 80%, nach KRUSEL (1958) bei 54,7 bzw. 70%. Die Ergebnisse von 64 Blähuntersuchungen an schwach metamorphen Schiefern aus dem S-Teil der DDR, die einheitlich bei 1250°C und einer Blähzeit von 15 min im

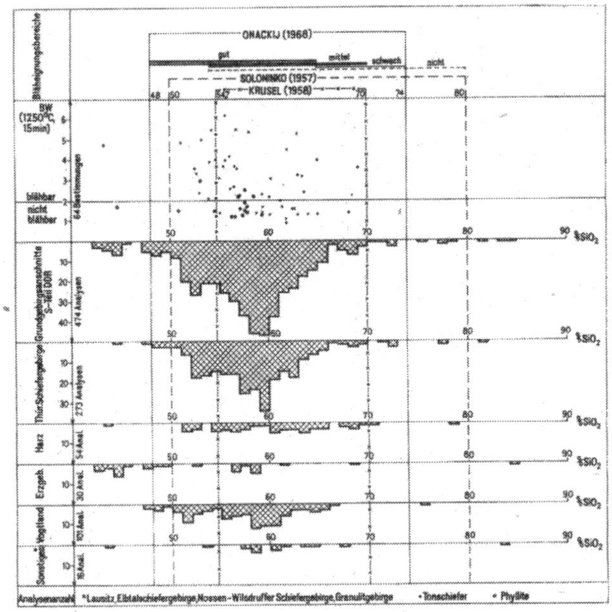

Abbildung 2

Thermoschockverfahren gebläht wurden, zeigen, daß, von einer Ausnahme abgesehen, alle blähbaren Proben — das sind Proben mit einem Blähwert von > 2 — innerhalb der Eignungsbereiche nach ONACKI und SOLONINKO liegen. Der Bereich nach KRUSEL ist offensichtlich zu eng gefaßt. Innerhalb dieser Bereiche liegen aber auch alle nicht blähbaren Proben. Die Verteilung der SiO_2-Gehalte in 474 Gesteinsvollanalysen aus den Grundgebirgsanschnitten im S-Teil der DDR, in Abb. 2 zusätzlich noch untergliedert nach regionalgeologischen Einheiten, läßt erkennen, daß die ausreichend breit angelegten Bläheignungsbereiche nach SOLONINKO u. ONACKI aber auch 92,6% bzw.

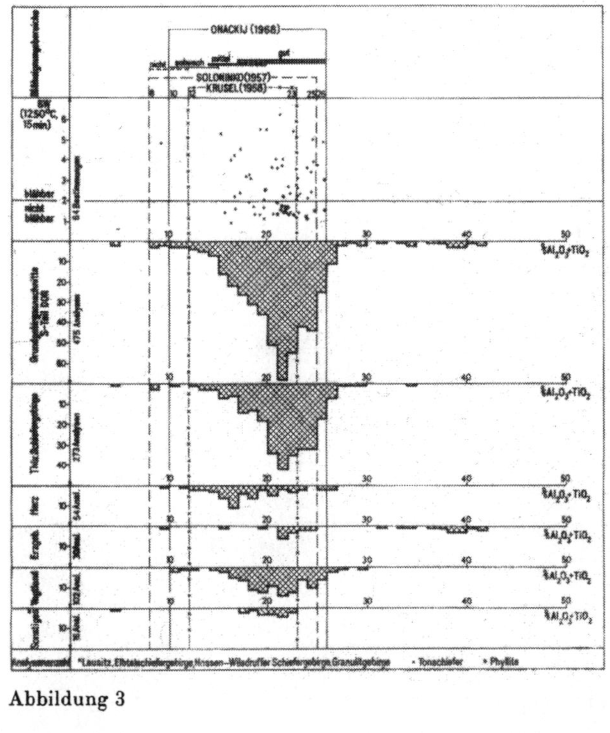

Abbildung 3

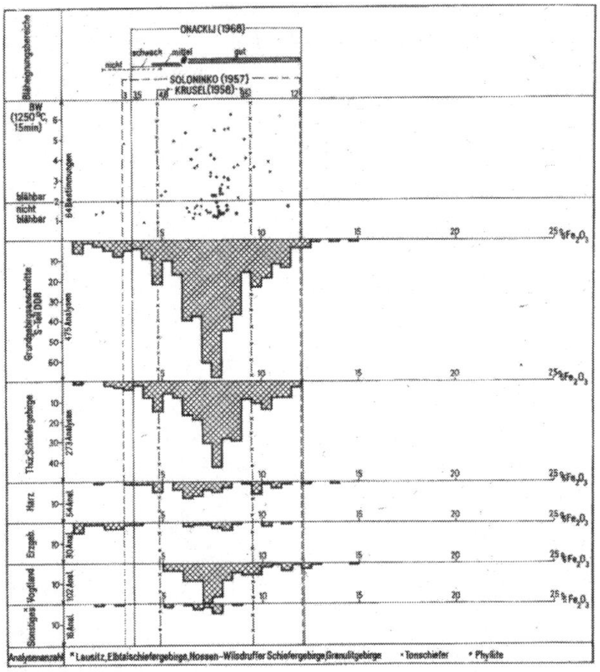

Abbildung 4

94,3% aller analysierten schwach metamorphen Pelite umfassen. Ähnliche Bilder ergeben sich auch für nahezu alle übrigen anorganisch-chemischen Komponenten (Abb. 3 bis 5). Daraus folgt, daß die SiO_2-, Al_2O_3 + TiO_2-, Fe_2O_3- und Na_2O + K_2O-Gehalte schwach metamorpher Schiefer nur in Grenzen schwanken, innerhalb deren keine Eignungsgrenzen für das Blähvermögen liegen. Hinzu kommt,

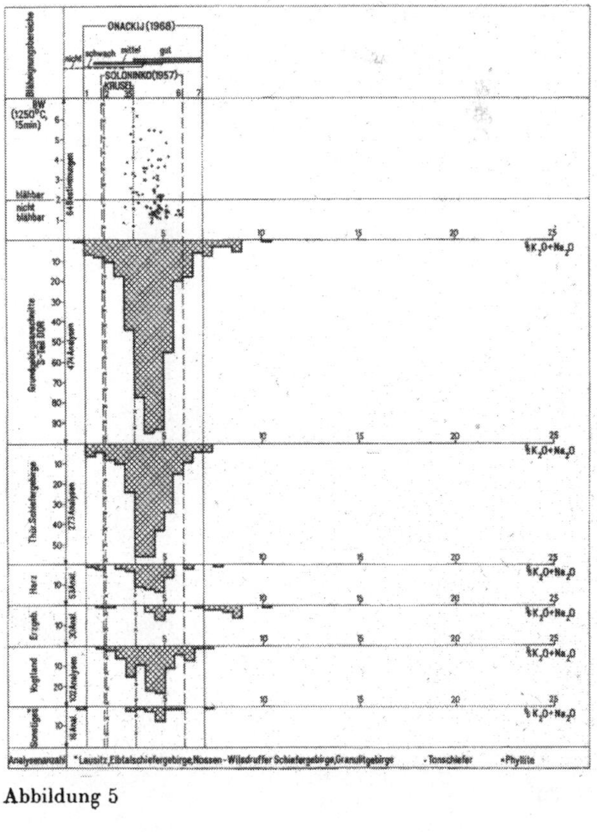

Abbildung 5

daß im gesamten Verteilungsspektrum dieser Komponenten neben blähbaren in gleichem Maße auch nicht blähbare Proben auftreten. Damit sind diese chemischen Komponenten entgegen den bisherigen Darstellungen in der Fachliteratur als Kriterien zur Abgrenzung von Bläheignungsbereichen bei schwach metamorphen Peliten ungeeignet.

Für die auch für die Blähgasbildung bedeutsamen Komponenten CaO und MgO (Abb. 6, 7, 8) sind, wie die neuen Untersuchungen zeigen, die Eignungsgrenzen bei SOLONINKO und KRUSEL zu eng angegeben (Abb. 8). Hier ist in den Ergebnissen der neuen Untersuchungen eine Abhängigkeit des Blähvermögens von den Gehalten dieser

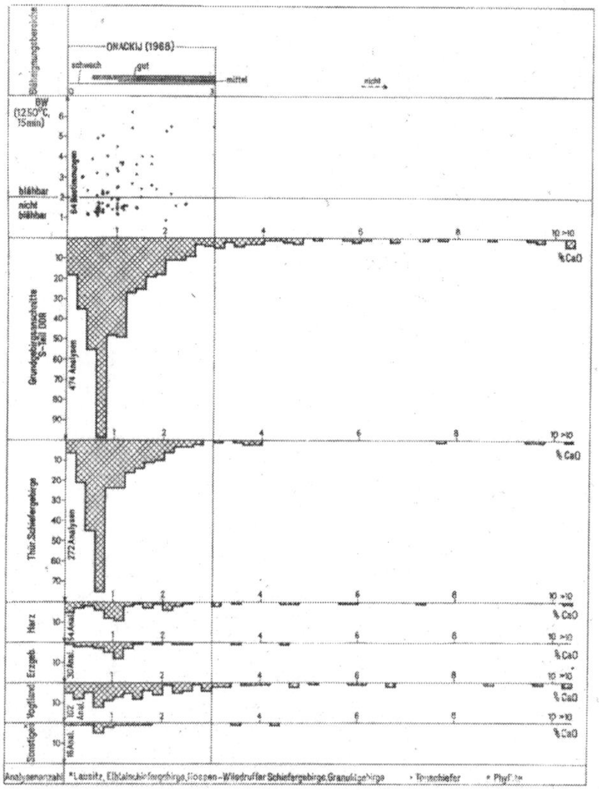

Abbildung 6

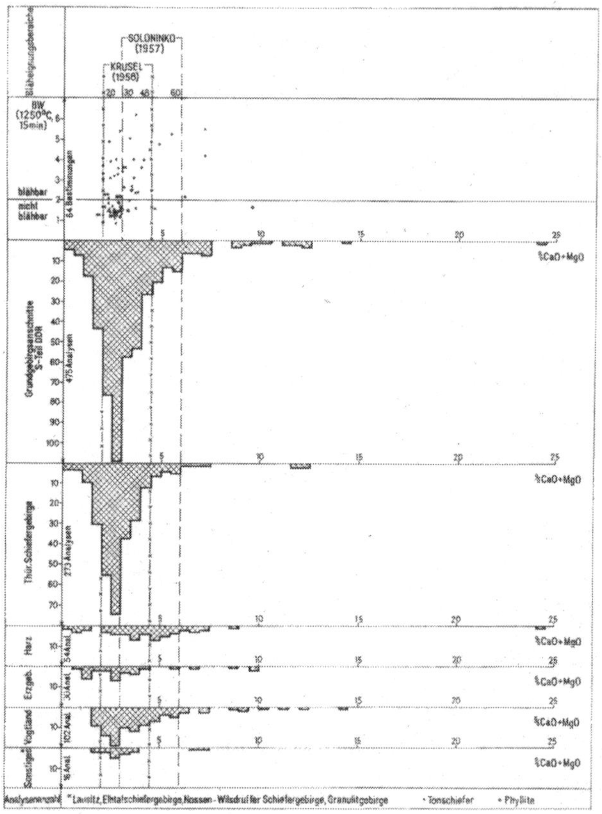

Abbildung 8

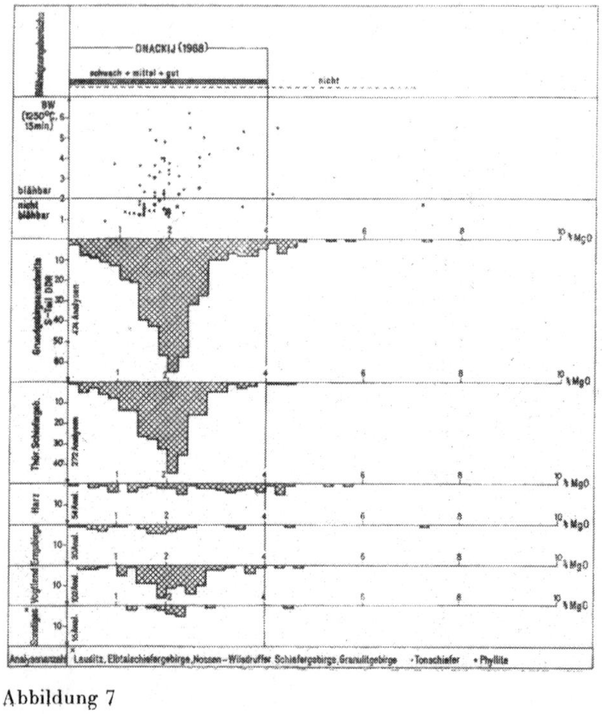

Abbildung 7

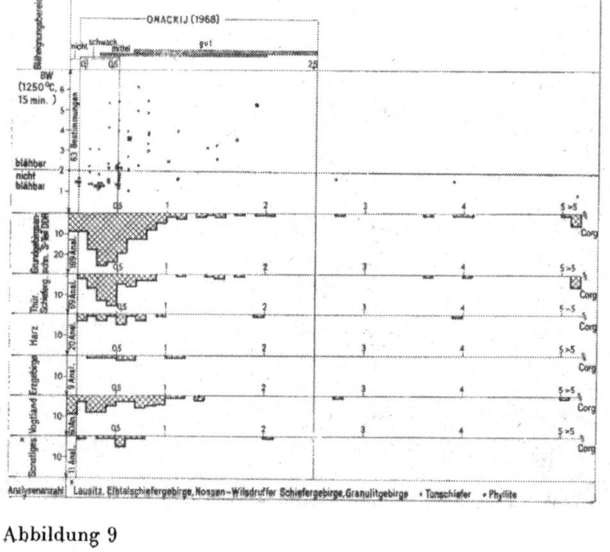

Abbildung 9

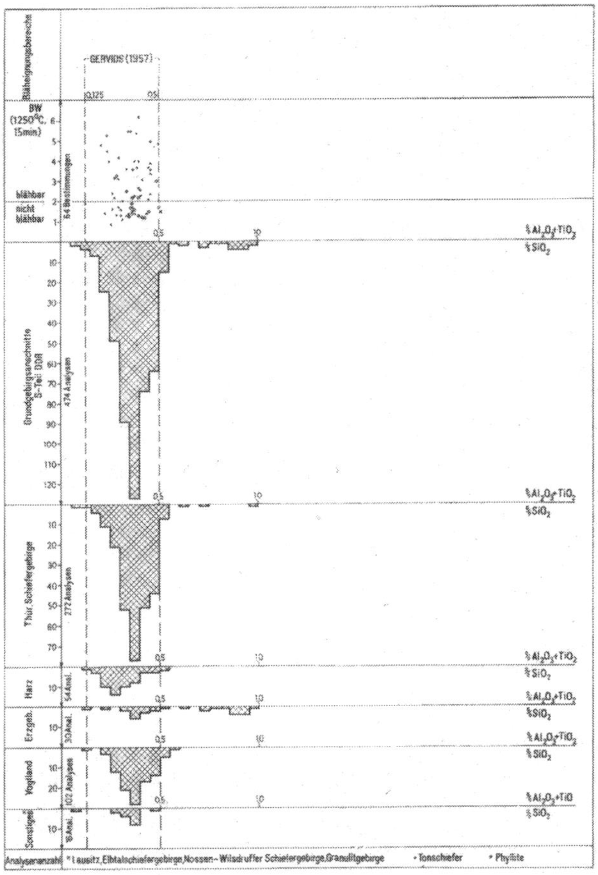

Abbildung 10

Komponenten möglicherweise angedeutet. So erwiesen sich von 25 untersuchten Proben mit CaO- + MgO-Gehalten über 3% 21 Proben als blähbar. Im Gehaltsbereich < 3% lautet das Verhältnis von blähbaren zu nicht blähbaren Proben 16:23. Für gesicherte Aussagen reicht die Anzahl der untersuchten Proben jedoch nicht aus.

Eine deutliche Abhängigkeit zwischen Blähvermögen und Chemismus zeigt sich für die C_{org}-Gehalte (Abb. 9). Bei C_{org}-Gehalten von $\leqq 0{,}1\%$ sind die Proben nicht blähbar. Im Gehaltsbereich $> 0{,}1\% \cdots 0{,}5\%$ liegt das Verhältnis von blähbaren zu nicht blähbaren Proben bei 14:18, bei C_{org}-Gehalten $> 0{,}5\%$ bei 22:2. Bei hohen C_{org}-Gehalten treten dann wieder nicht blähbare Proben auf. Hier können also die Ergebnisse von ONACKI bestätigt werden, der ebenfalls ein Blähvermögen von Gesteinen mit C_{org}-Gehalten von $> 0{,}1 \cdots 2{,}5\%$ feststellte, wobei im Gehaltsbereich zwischen $> 0{,}1\%$ und $\leqq 0{,}5\%$ sowohl blähbare als auch nicht blähbare Proben auftreten können.

Während bei den zuvor diskutierten Darstellungen das Blähvermögen in Abhängigkeit von einzelnen chemischen Komponenten charakterisiert wurde, versuchte GERVIDS (1957) Bläheignungsbereiche anhand bestimmter Oxidverhältnisse abzugrenzen. Zur kritischen Überprüfung dieser Kriterien erfolgte ihre Darstellung in der von den chemischen Einzelkomponenten bekannten Weise (Abb. 10 bis 14). Für das Verhältnis $Al_2O_3 + TiO_2/SiO_2$ (Abb. 10) zeigt sich dabei das von der Darstellung der chemischen Einzelkomponenten schon bekannte Bild. Innerhalb des von GERVIDS (1957) angegebenen Bläheignungsbereichs liegen alle blähbaren, aber auch alle nicht blähbaren Proben, gleichfalls 92,6% aller analysierten schwach metamorphen Pelite aus dem S-Teil der DDR.

In den Darstellungen für die Oxidverhältnisse $CaO + MgO/SiO_2 + Al_2O_3 + TiO_2$ (Abb. 11), $K_2O + Na_2O/SiO_2 + Al_2O_3 + TiO_2$ (Abb. 12), $Fe_2O_3/SiO_2 + Al_2O_3 + TiO_2$ (Bild 13) und C_{org}/Fe_2O_3 (Abb. 14) läßt sich erkennen, daß die von

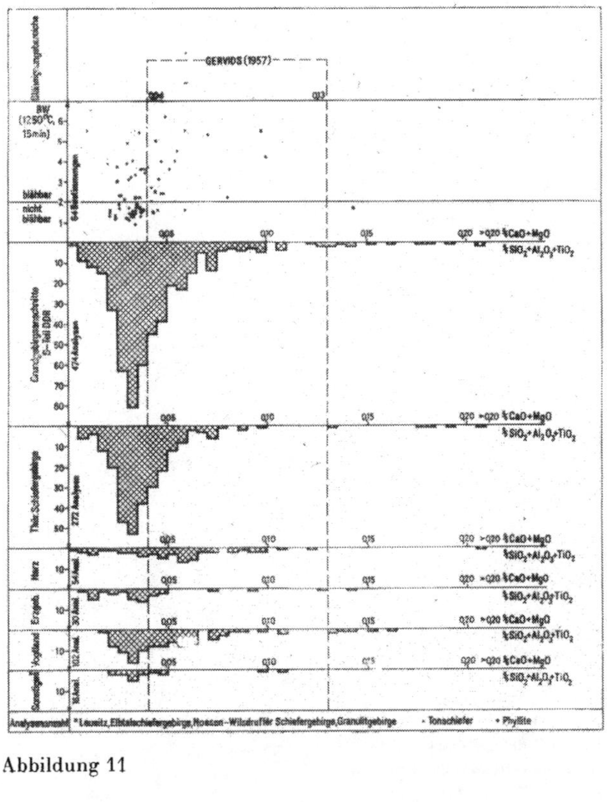

Abbildung 11

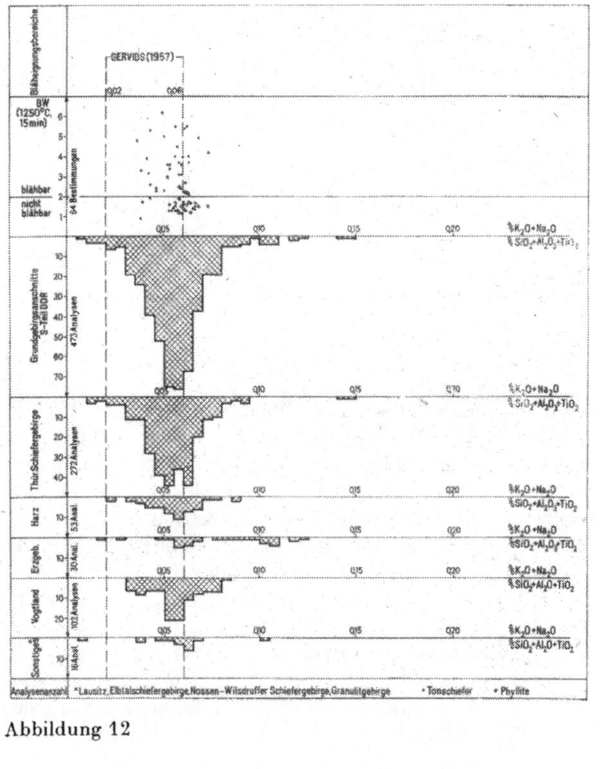

Abbildung 12

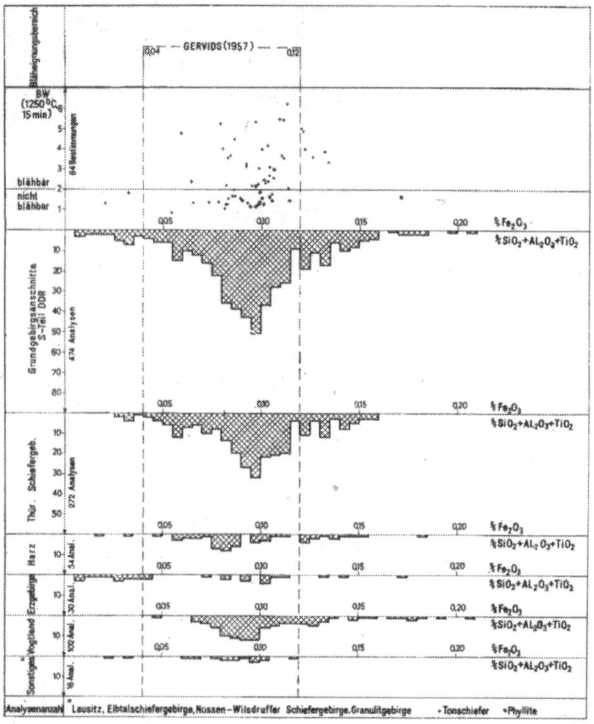

Abbildung 13

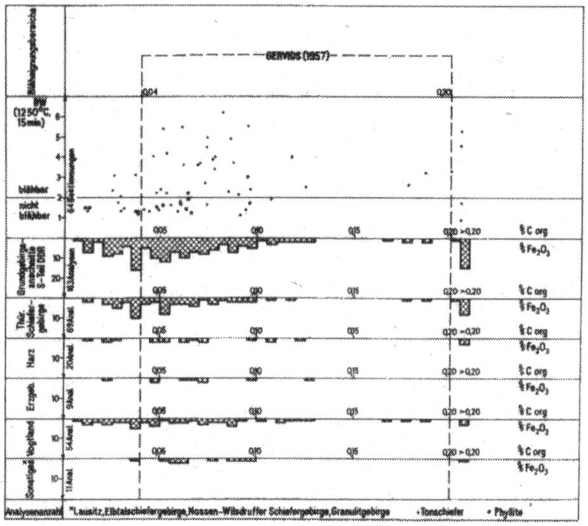

Abbildung 14

GERVIDS angegebenen Bläheignungsbereiche zu eng gewählt sind. Bei allen wird aber auch deutlich, daß über das gesamte Verteilungsspektrum der einzelnen Verhältnisse sowohl blähbare als auch nicht blähbare Proben auftreten. Damit sind auch die Oxidverhältnisse als Kriterien für Abgrenzung von Bläheignungsbereichen bei schwach metamorphen Peliten ungeeignet.

Die häufigste Anwendung zur Beurteilung des Blähvermögens von Gesteinen finden in der Literatur Dreistoffdiagramme mit den Koordinaten SiO_2, $Al_2O_3 + TiO_2$ und mit der Summe der Flußmittel ($Fe_2O_3 + CaO + MgO + Na_2O + K_2O$), in die empirisch ermittelte Blähfelder eingetragen sind (RILEY 1951, WILSON 1953 und HOFFMANN 1969). Abb. 15 zeigt als Beispiel für ein gut blähbares Gestein eine entsprechende Darstellung für den Oberen Bordenschiefer des Dinant des Thüringischen Schiefergebirges. Von einer Probe abgesehen, erwiesen sich alle untersuchten Proben als blähbar. Alle Proben liegen auch innerhalb der Blähfelder. Dasselbe Bild ergibt sich auch für den Lederschiefer (Ordovizium — Gräfenthaler Serie) des Thüringischen Schiefergebirges, ein ebenfalls sehr gut blähbares Gestein (Abb. 16). Als Beispiel für ein Gestein, das sich als nicht blähbar erwiesen hat, soll das entsprechende Dreistoffdiagramm für den Phycodendachschiefer des Ordoviziums des Thüringischen Schiefergebirges dienen (Abb. 17). Auch hier liegen alle Proben innerhalb der als geeignet ausgewiesenen Bereiche. Damit ergeben sich auch für diese Darstellungen Zweifel an ihrer Eignung zur Charakterisierung des Blähvermögens schwach metamorpher Pelite. In Abb. 18 sind 120 Proben, die unter unterschiedlichen Bedingungen gebläht wurden,

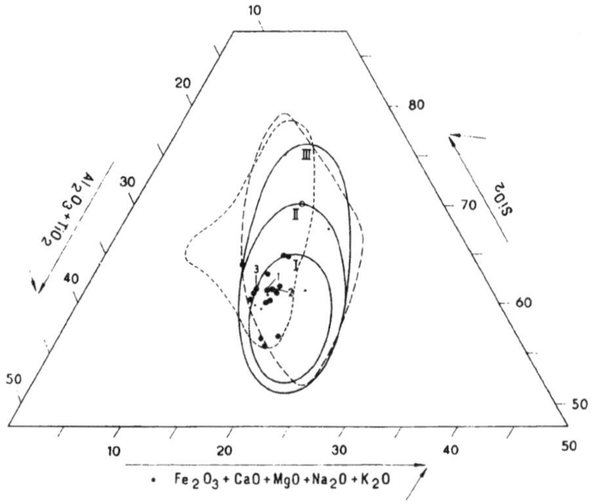

Abb. 15. Thüringisches Schiefergebirge, Dinant — Oberer Bordenschiefer

1 — arithmetisches Mittel aus 5 Analysen, 2 — arithmetisches Mittel aus 5 Analysen, 3 — arithmetisches Mittel aus 12 Analysen
Punkt — nur chemische Analyse; Kreis — BW < 2,0; Vollkreis — BW > 2,0
Blähfelder siehe Abb. 18

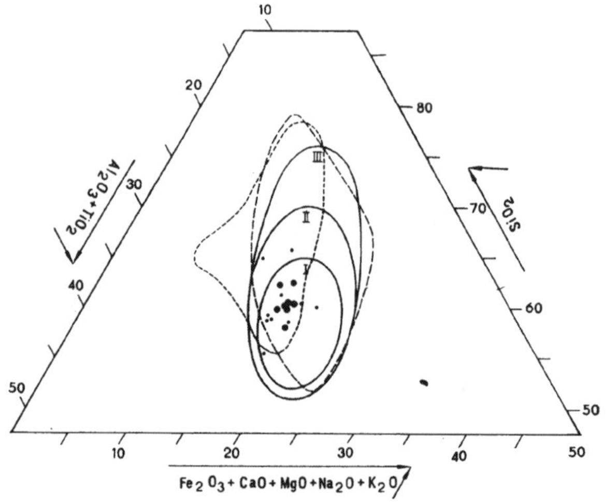

Abb. 16. Thüringisches Schiefergebirge, Ordovizium — Gräfenthaler Serie, Lederschiefer
Zeichenerklärung siehe Abb. 15

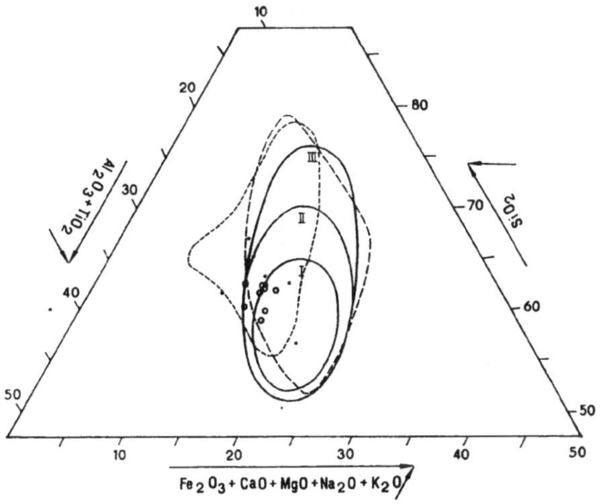

Abb. 17. Thüringisches Schiefergebirge, Ordovizium — Phycodenserie, Phycodendachschiefer

Zeichenerklärung siehe Abb. 15

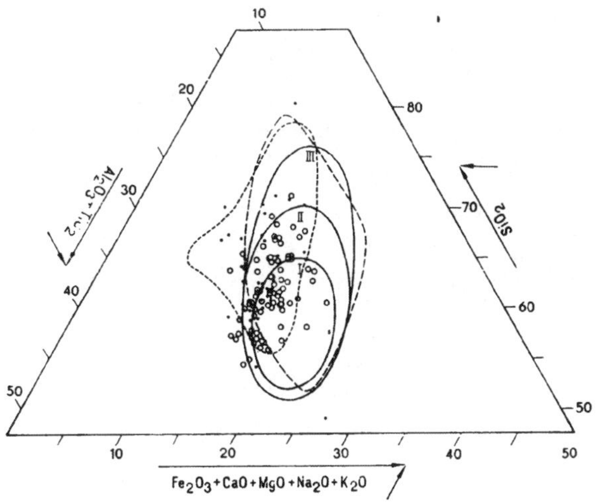

Abb. 18. Blähuntersuchungen (120 Stück) bei unterschiedlichen Blähbedingungen

Kreis — BW > 2,0; Punkt — BW < 2,0
— — = Blähfeld nach RILEY (1951); ---- = Blähfeld nach WILSON (1953); — = Blähfelder nach HOFFMANN (1970)

zusammengestellt. Der weitaus größte Teil der Proben, unabhängig davon, ob blähbar oder nicht blähbar, liegt innerhalb der Blähfelder. Die wenigen Proben außerhalb der Blähfelder sind z. T. auch blähbar. Das gleiche Bild ergibt sich für 70 Proben, die unter gleichen Bedingungen (Thermoschockverfahren, 1250 °C, 15 min) gebläht wurden (Abb. 19). Daraus folgt, daß auch die in der Literatur weit verbreiteten Dreiecksdarstellungen mit Blähfeldern zur Beurteilung des Blähvermögens schwach metamorpher Pelite nicht geeignet sind.

Es muß also festgestellt werden, daß der Chemismus der Gesteine, abgesehen vom C_{org}-Gehalt, eine Beurteilung der Blähbarkeit schwach metamorpher Pelite nicht zuläßt. Dafür bedeutsame stoffliche Eigenschaften sind wahrscheinlich die Mineralzusammensetzung der Pelite und der Korngrößenaufbau der Minerale. Neue Untersuchungen liegen dazu nicht vor. Nach PERFILJEW (1966), SCHULZ (1969), ONACKI (1971) u. a. muß ein blähbarer Rohstoff folgende Eigenschaften aufweisen: Er muß

- sehr feinkörnig sein, damit bei der Aufheizung die keramischen Reaktionen und Phasenumwandlungen infolge der großen Oberfläche rasch ablaufen und sehr schnell genügend Schmelzphase zur Ausbildung einer impermeablen, dehnbaren pyroplastischen Kruste um die Granalien entsteht.
- als Hauptbestandteile flußmittelhaltige, dioktaedrische, silikatische Tonminerale enthalten, wobei alkali- oder eisenhaltige Minerale überwiegen sollen (Illit, Muskovit, Montmorillonit, untergeordnet Glaukonit), damit die geforderte Feinkörnigkeit, Undurchlässigkeit und Kohäsion sowie ein günstiges keramisches Verhalten (niedriger Sinterpunkt, günstige Viskosität u. a.) erreicht werden.
- relativ arm an Kalzit und Dolomit sein, damit die Alkalien gegenüber den Erdalkalien vorherrschen und die optimale Viskosität über einen größeren Temperaturbereich erhalten bleibt, obgleich beide Minerale als Blähgaslieferanten von Bedeutung sein können.
- in ausreichender Menge und homogener Verteilung (intergranular) feindisperse organische Substanz als wichtigsten Blähgaslieferanten enthalten.
- Das Gestein darf nicht intensiv geschiefert sein, da bei starker Schieferung eine dünnplattige Aufspaltung bereits bei schwacher mechanischer und thermischer Beanspruchung erfolgt und die Blähgase längs der Schieferungsflächen entweichen.

5. Schlußfolgerungen

Aus den vorgelegten Untersuchungsergebnissen geht hervor:

- Die chemische Zusammensetzung schwach metamorpher Pelite, ausgenommen die C_{org}-Gehalte und eventuell die CaO + MgO-Gehalte, kann nicht zur Beurteilung des Blähvermögens dieser Gesteine herangezogen werden. Die Aussagefähigkeit des C_{org}-Gehaltes wird in der Praxis dadurch eingeschränkt, daß C_{org} bei Gesteinsvollanalysen nur selten bestimmt wird und daß außerdem im Gehaltsbereich 0,1···0,5% C_{org} eine eindeutige Unterscheidung zwischen blähbaren und

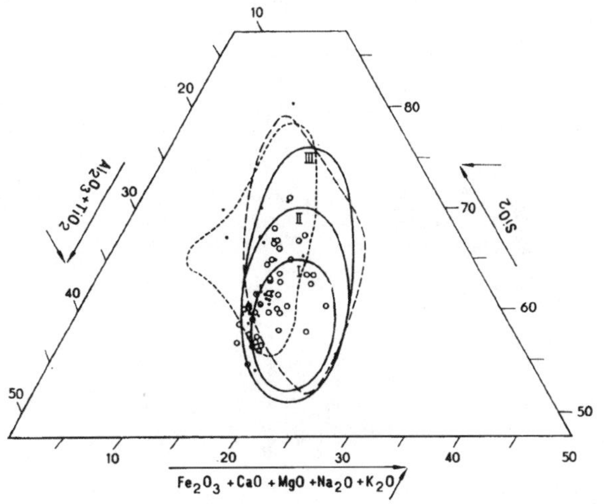

Abb. 19. Blähuntersuchungen (70 Stück) bei 1250 °C, 15 min. und Thermoschock

Zeichenerklärung siehe Abb. 18

nicht blähbaren Gesteinen nicht möglich ist. In diesem Bereich liegen aber z. B. 42% aller untersuchten Proben aus dem S-Teil der DDR. Inwieweit die CaO- + MgO-Gehalte zur Beurteilung der Blähbarkeit schwach metamorpher Pelite geeignet sind, läßt sich gegenwärtig nicht beurteilen und erfordert weitere Untersuchungen. Es ist jedoch zu erwarten, daß auch sie keine eindeutige Unterscheidung zwischen blähbaren und nicht blähbaren Gesteinen erlauben.

— Eine kritische Wertung der Beziehungen zwischen dem Blähvermögen schwach metamorpher Pelite und ihrer Mineralzusammensetzung bzw. dem Korngrößenaufbau der Minerale ist gegenwärtig nicht möglich, da ausreichende Untersuchungen fehlen.

Daraus folgt, daß beim gegenwärtigen Stand unserer Kenntnisse nur der praktische Blähversuch den letzten Aufschluß über das Blähverhalten schwach metamorpher Pelite gibt.

6. Zusammenfassung

Die Eignungsbeurteilung von Gesteinen zur Herstellung von Leichtzuschlagstoffen erfolgt seit Jahrzehnten anhand empirisch abgeleiteter Blähkriterien. Neue Untersuchungen boten die Möglichkeit, die Aussagefähigkeit in der Literatur angeführter Blähkriterien für die Beurteilung des Blähvermögens schwach metamorpher Pelite kritisch zu überprüfen. Dabei stellte sich heraus, daß die chemische Zusammensetzung dieser Gesteine, ausgenommen den C_{org}-Gehalt, nicht für eine solche Beurteilung herangezogen werden kann. In welchem Maße die CaO- und MgO-Gehalte für eine Beurteilung verwendet werden können, läßt sich ohne weitere Untersuchungen nicht entscheiden. Eine gesicherte Einschätzung des Blähvermögens schwach metamorpher Pelite ist beim gegenwärtigen Kenntnisstand nur durch den praktischen Blähversuch möglich.

Резюме

Оценка пригодности пород для исготовления от легких добавочных веществ происходит уже десятилетия на основе эмпирически выведенных критериев набухания. Новые исследования дали возможность, критически проверять высказывание приведенных в литературе критериев набухания для оценки способности набухания слабо метаморфических пелитов. При этом указывалось, что невозможно привести химический состав этих пород со исключением содержания C_{org} для такой оценки. В какой мере можно использовать содержания CaO и MgO, без дальнейших исследований нельзя решать. Надежная оценка способности набухания слабо метаморфических пелитов при теперещном состоянии знания возможно лишь практической побыткой набухания.

Summary

The suitability of rocks for manufacturing lightweight aggregates is evaluated for decennia by means of empirically derived bloating criteria. New studies have made it possible to examine critically the conclusiveness of such criteria mentioned in the literature for evaluating the bloating propertyof slightly metamorphic pelites. It was found that the chemical composition of these rocks, with the exception of the C_{org}-content, cannot be used for such an evaluation. The extent to which the CaO and MgO contents may be used for such an evaluation cannot be decided without carrying out further investigations. In the present state of knowledge the bloating property of slightly metamorphic pelites can safely be estimated by the practical bloating test only.

Literatur

ALBERT, J.: Epitöanyag (ung.). — 221 S., Budapest 1957.

ECKLER, H.-O.; WEISE, G.: Entwicklungstendenzen und Rohstoffprobleme des Bauwesens. — Ber. dt. Gesellsch. geol. Wiss. A, Geol.-Paläont., **17**, 4, 453 bis 472, Berlin 1972.

FASTABEND, N.; RUYTER, J. L.: Untersuchungen über die Bläheigenschaften von Marschtonen. Tonind. Ztg., **83**, 22, 332—336, Goslar 1953.

GERVIDS, J.: Keramsit-technologitscheskie issledowanija (russ.). — Gosisdat. — Lit. stroit. i. arch., Moskau 1957.

HOFFMANN, H.: Einfluß der Rohstoffeigenschaften und der Verfahrenstechnik auf die Qualität von künstlichen und porösen Zuschlagstoffen. — Der Leichtzuschlagstoff, **4**, Sonderheft, 12—16 (1968).

— Das Blähvermögen des Unterloquitzer Dachschiefers. — Der Leichtzuschlagstoff, **5**, 3/4, 23—26 (1969).

KRUSEL, L. F.: Gliny zapadnych oblastey USSR kak deja proizwodstwa legkewianych isdelii (russ.). — Materialy sowestanija po issledowanija glin, 436—442, Lwow 1956.

ONACKI, S. P.: Theoretische Grundlagen der Aufblähung von Tongestein und die Produktion von Keramsit in der UdSSR. — Der Leichtzuschlagstoff, **4**, Sonderheft, 8—11 (1968).

— Keramsitherstellung (russ.). — 331 S., Isdat. Literat po stroitelstwu, Moskwa 1971.

PERFILJEW, N. I.: Die Bildungsbedingungen von Lagerstätten der Keramsitrohstoffe. Sb. „Keramsit und Aggloporit als Baumaterial". — Verlag Nedra, 11—16, Moskau 1966.

POGOWOI, M. J.; USTIMENKO, E. P.: Beurteilung des Blähvermögens von Tonen im Hinblick auf ihre Kornzusammensetzung. — Stroitelstwo Mat., **10**, 36—37 (1968).

REINSDORF, S.: Stand der Forschung und Anwendung von Konstruktionsleichtbeton in der DDR. — Der Zuschlagstoff, **4**, Sonderheft, 6—7 (1968).

RILEY, C. W.: Einfluß der chemischen Zusammensetzung auf das Blähen der Tone. — J. amer. ceramic Soc., Easton 34, 4, 121—123, Columbus 1951.

SCHELLMANN, W.; FASTABEND, H.: Untersuchungen über den Blähprozeß bei Tonen. Ziegelindustrie, **16**, 24, 899—905 (1963).

SCHULZ, H.: Geologische und verfahrenstechnische Voraussetzungen für die Prognose und Suche von natürlichen Rohstoffen zur Herstellung von Porensinter. — Z. angew. Geol., **15**, 4, 187—195, Berlin 1969.

SOLONINKO, L. S.: Problema issledowanija syrewych resurssow glin (russ.). — Isdat. sowetskogo Univ. 1957.

WALZ; WISCHKES: Konstruktions-Leichtbeton hoher Festigkeit. — Beton-Verlag GmbH, Düsseldorf 1964.

WILSON, H.: Leichte Zuschläge für die Bauindustrie. — 44 S., J. canad. ceramic Soc. **22** (1953).

Ursachen und Auswirkungen geodynamischer Prozesse im Bereich der Salinarstruktur Sperenberg

PUTSCHER, S., Berlin

1. Vorbemerkungen

Zu den geodynamischen Prozessen sind die natürlichen und anthropogen verursachten Veränderungen an der Erdoberfläche wie z. B. Massenbewegungen im Bereich von Hängen und Böschungen sowie bruchlose oder bruchartige Senkungen zu rechnen. Ausgelöst werden diese Prozesse u. a. durch die Atmosphärilien, das Grundwasser und die anthropogen geschaffenen Veränderungen infolge Nutzung der festen mineralischen Rohstoffe sowie durch die Bautätigkeit.

Bruchlose bzw. bruchartige Senkungen der Geländeoberfläche sind im allgemeinen auf Subrosionsvorgänge an auflösbaren Gesteinen größerer Mächtigkeit zurückzuführen, wobei als Grundvoraussetzung für das Einsetzen der Subrosion ein ausreichender Zufluß von Grundwasser zum löslichen Gestein vorhanden sein muß. Neben der natürlichen, kontinuierlichen Laugung des Chlorids sowie der Modifikationen des Kalziumsulfats (Anhydrit, Gips) und dadurch verursachter Instabilitäten der hangenden Gesteinsabfolge mit nachfolgenden Geländesenkungen bzw. plötzlichen „Tagesbrüchen", ergeben sich direkte Wechselwirkungen zwischen Subrosion und Abbau der festen mineralischen Lagerstätten. Durch den Betrieb von unter- bzw. obertägigen Gewinnungsanlagen, der Errichtung und dem Betrieb von Bohranlagen u. ä. erfolgt eine künstliche Veränderung der hydrogeologischen Verhältnisse und damit eine Beschleunigung bzw. Aktivierung der Subrosionsvorgänge.

Im Gefolge dieser Aktivierung bzw. Beschleunigung der Subrosion kommt es durch Suffosionsvorgänge vor allem in Gebieten mit oberflächennahen Gipshorizonten sowie durch Gips- und Salzauslaugung im Untergrund zu Senkungen und Erdfällen in den Rand- und Zentralteilen oberhalb derartiger leicht löslicher Gesteinskomplexe.

Besonders in den traditionellen Salz- und Kupferschieferabbaugebieten in den südwestlichen Bezirken der DDR sind derartige Senkungserscheinungen durch das Zusammenwirken der oben genannten, die Subrosion begünstigenden Faktoren gegeben.

Eine untergeordnete Bedeutung ist derartigen Prozessen im Bereich des Nordteils der DDR beizumessen. Neben bruchlosen und bruchartigen Senkungen über z. T. ausgekohlten Braunkohlengruben treten hier subrosionsbedingte oberflächenverändernde Erscheinungen nur über relativ oberflächennah aufgestiegenen Salinarstrukturen auf. Eine eindeutige Zuordnung des Ab- bzw. Auslaugungsherds zum Chlorid im Bereich des Salzspiegels oder zum Sulfat des Caprocks ist infolge der z. T. recht komplizierten Lagerungsverhältnisse innerhalb und in der Umgebung derartiger Salinaraufbrüche nicht immer möglich. Sicher erscheint nur die Tatsache, daß es sich um eine Kombination subrosiver Vorgänge sowohl im Salzspiegelniveau als auch in den Caprockgesteinen handelt, die z. B. neben großflächigen Oberflächensenkungen auch zu kreisrunden bis ovalen Tagesbrüchen des Sperenberger Salinars führten. In den Rand- bzw. Übergangsbereichen von Caprock und Mantelgestein treten bei oberflächennah aufgestiegenen Salinarstrukturen wie Sperenberg zusätzlich „spaltenartige" Geländeeinbrüche auf, die eine Konturierung der annähernden Grenze Caprock — Mantel an der Geländeoberfläche bewirken. Vermutlich sind die genannten randlichen Bruchformen sowohl auf die hohe Lösungsfähigkeit der zufließenden gering mineralisierten Grundwässer als auch auf atektonisch angelegte Diskontinuitätsflächen zurückzuführen. Beide Faktoren zusammen bedingen eine verstärkte Subrosion gerade im Randbereich des Salinars und führen an der Erdoberfläche neben den genannten „Spaltenerdfällen" nicht selten zu Zerrungserscheinungen.

2. Geologisch-tektonische Situation des Salinars Sperenberg

Die Struktur Sperenberg weist eine ovale in SE—NW-Richtung gestreckte Konfiguration auf und scheint nach geophysikalischen Untersuchungen sowie auf Grund von Bohrergebnissen (Kalisuchbohrungen IV, V und VII in den Jahren 1867 bis 1900) einen bis in etwa 370 bis 400 m unter Gelände aufgestiegenen „Salzfuß" zu besitzen. Diesem Salzfuß, der sich in NW-Richtung möglicherweise bis zur Ortschaft Kummersdorf erstreckt, sitzt bei Sperenberg ein größerer, die Umgebung überragender und durchspießender Salzaufbruch auf (Abb. 1).

An den Flanken des Salinars geteufte Bohrungen haben eine fast vollständige Schichtabfolge vom Aller- bis einschließlich zum Staßfurtzyklus geliefert. Die scheinbare mittlere Mächtigkeit des durchteuften Hauptanhydrits beträgt 40 bis 50 m; Mächtigkeiten > 100 m sind wahrscheinlich auf atektonisch bedingte Schichtverdoppelung zurückzuführen. Im Gegensatz zu den meisten Salzstöcken im Nordteil der DDR, für die immer ein komplizierter tektonischer Bau nachgewiesen wurde, weist die Struktur Sperenberg, wie aus der gleichförmigen Schichtenabfolge der Altbohrungen, insbesondere der Bohrung I zu ersehen ist, eine relativ unkomplizierte innere Tektonik auf (Abb. 2 und 3), die für ein Salzkissenstadium der Struktur spricht.

Typisch für die Struktur ist ihr asymmetrischer Bau mit steilen N- und E-Flanken, wohingegen das Salinar im W und S wesentlich flacher abtaucht.

Im Vergleich zu vielen anderen Salzstrukturen sitzen dem Sperenberger Salzaufbruch mächtige Hutgesteine in Form von Gips auf. Einzelne Bereiche der Hutgipse durchspießen die tertiären und pleistozänen Sedimente bzw. stehen unter einer geringen Lockergesteinsdecke an. Ähnlich wie im Salzstock Lübtheen boten diese Gipse Anlaß zu einem regen Tagebaubetrieb, der bis ins 13. Jahrhundert zurückreicht und in Sperenberg erst im Jahre 1958 auf Grund komplizierter Abbausituationen sein Ende fand.

Typisch für den Sperenberger Gips, der unmittelbar das Hangende des Salzes bildet, ist seine Durchsetzung mit

Eingang des Manuskripts in der Redaktion: 27. 7. 1978.

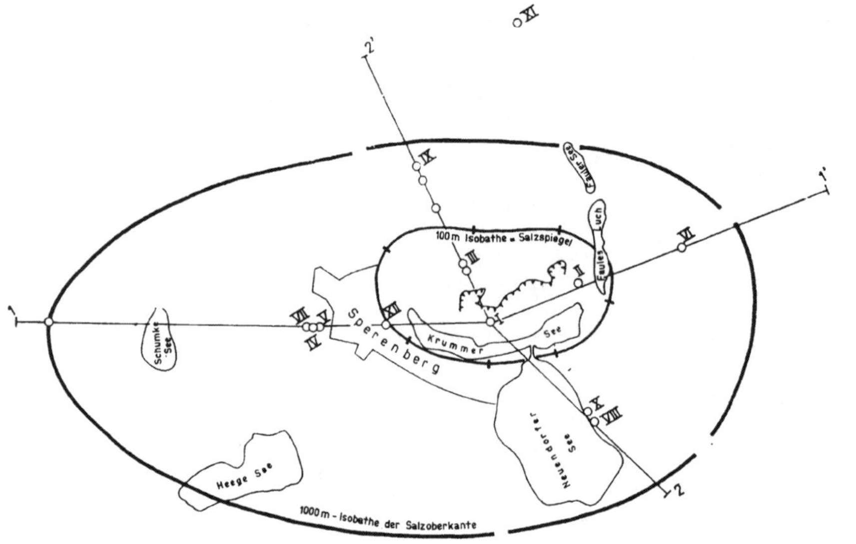

Abb. 1. Salinarrand im Bereich der 1000 m-Isobathe Salzoberkante

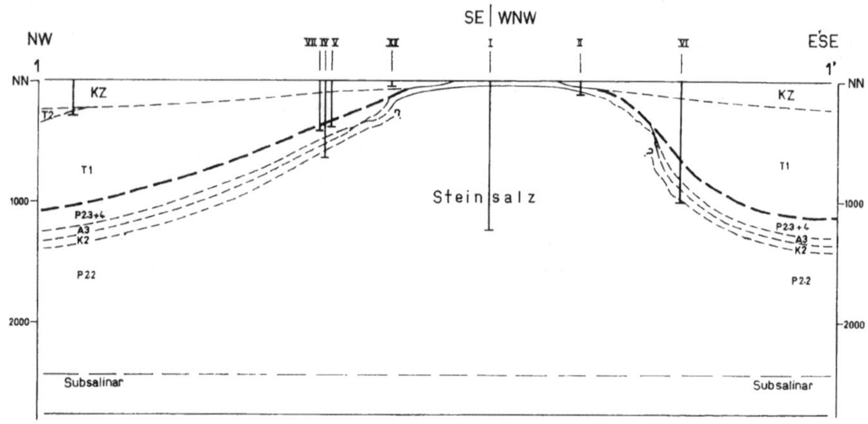

Abb. 2. Schematischer Schnitt 1—1′

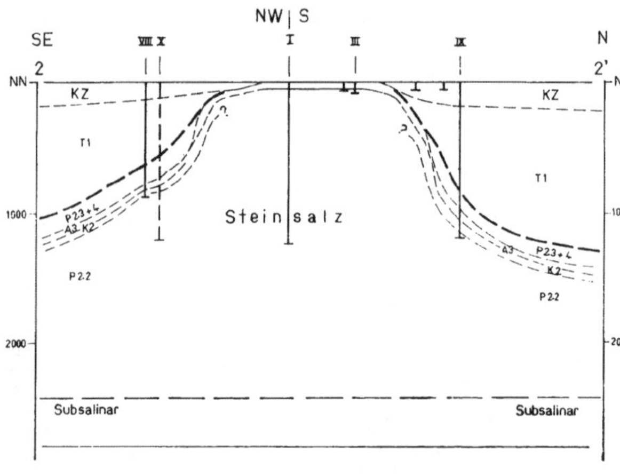

Abb. 3. Schematischer Schnitt 2—2′

Salzkristallen im Liegenden. Darüber stellt sich das Gestein als eine gleichförmige graue Masse dar, wobei dichte feinkristalline Partien mit mittel- bis grobkristallinen Lagen ungleichmäßig wechseln. Eine Horizontierung dieser Lagen ist nicht möglich.

Der Hutgips ist stark durchklüftet, wobei die z. T. geöffneten Klüfte bevorzugte Wasserbewegungsbahnen und somit Ansatzpunkte für Laugungsvorgänge bilden. Weitere Diskontinuitäten liegen in Form der mit z. T. bis zu 8 m brekziösem Material ausgefüllten Überschiebungsflächen großer Gipsschollen vor. Diese Gipsschollen wurden im N der Struktur durch das vorrückende Eis abgeschert und dann im südlichen Teil des Caprocks schuppenartig übereinandergestapelt.

3. Morphologie und Mächtigkeit des Caprocks

Im Gegensatz zu einer nahezu gleichbleibenden Tiefenlage der Hutgesteinsunterkante (= Salzspiegel) in etwa −44 m NN, sind für die Hutgesteinsoberkanten und damit die Mächtigkeiten der Hutgesteine recht unterschiedliche Werte charakteristisch.

Nach Tabelle 1 ist die Caprockoberfläche stark gegliedert und weist jähe Höhenunterschiede auf, die sowohl auf glazitektonische Vorgänge als auch auf die erodierende Wirkung der Schmelzwässer zurückzuführen sind. Auch klammartige Erosionseinschnitte und tiefgreifende Strudellöcher bis zu 1 m Durchmesser wurden während des Gipsabbaus freigelegt.

Anhand der vorliegenden Aufschlußergebnisse konnten vier treppenförmig angeordnete Caprockniveaus ausgegliedert werden und zwar das Niveau 1 bei +60 m NN, 2 bei +50 m NN, 3 bei +30—38 m NN und 4 bei +5 m NN.

Tab. 1. Mächtigkeit, Oberkante und Unterkante Caprock

Bohrung	Oberkante Caprock (m NN)	Unterkante	Mächtigkeit des Caprock (m)
I	+46	−43	89
II	+25	−61	86
III	+5	−44	49
1	+31	−45	76
2	+66	−43	109
3	+30	−45	75
4	+50	—	94
5	+17	—	61
6	+12	—	56
7	+62	—	106
8	+3	—	47
9	+30	—	74
10	+38	—	82

Das Gesamtverbreitungsgebiet der Caprockgesteine wird durch die 100 m Isobathe — unter Geländeoberkante — begrenzt (Abb. 4). Die in Tab. 1, Bohrung I, angegebene Oberkante Gips ist nicht mehr genau belegbar. Vermutlich liegt sie wesentlich höher, da Gagel (1915) eine Gipsmächtigkeit von > 100 m angibt. Die im Gegensatz zum Salzspiegel um ca. 17 m tiefere Caprockunterkante in Bohrung II könnte auf eine verstärkte Ablaugung in diesem Bereich und auf nachfolgendem Einbruch des Deckgebirges hindeuten.

4. Hydrogeologische Situation

Im Raum des Sperenberger Salinars ist ein einheitlicher oberer Grundwasserhorizont ausgebildet, der Gesteine unterschiedlicher lithologischer Zusammensetzung durchströmt. Der Grundwasserspiegel befindet sich im Niveau der umliegenden Seen, d. h. bei +45 m NN und besitzt ein geringes natürliches Gefälle nach N bis NW.

In den pleistozänen Sedimenten wurde die Gesamtmineralisation nördlich der 100 m-Isobathe der Caprockverbreitung (Abb. 1) mit 984 mg/l bestimmt. Chemische Hauptkomponenten sind Ca, Na, HCO_3, SO_4 und Cl, d. h., es ist eine deutliche Beeinflussung durch die Laugungswässer des Salinars bemerkbar.

Im Bereich des Caprocks beträgt die Mineralisation in etwa 40 m Tiefe unter Gelände 3 g/l und erhöht sich in Nähe des Salzspiegels — 100 m Tiefe unter Gelände — auf durchschnittlich 60 g/l und mehr. Hauptkomponenten sind Ca und SO_4 im oberen und Na und Cl im unteren Teil. Hinzuzufügen ist hierbei, daß diese Werte 14 Jahre nach Stilllegung des Gipsabbaus mit seiner intensiven Grundwasserabsenkung ermittelt wurden.

Pumpversuche ergaben im Bereich des Caprocks unterschiedliche Ergebnisse. Während z. B. in einer Bohrung wegen zu geringen Wasserzulaufs kein Pumpversuch möglich war, wurden in einer anderen Bohrung im gleichen Teufenintervall (64 bis 80 m unter Geländeoberkante) durchgängig 20 m^3/h gefördert. Die aus den Pumpversuchen im Caprock errechneten Durchlässigkeitswerte (k) betragen 0,56 bis 29,3 m/d. Aus dieser Tatsache kann geschlußfolgert werden, daß die Durchlässigkeit des Gipses vom Klüftigkeitsgrad, von der Kluftöffnung und der Kluftfüllung abhängig ist.

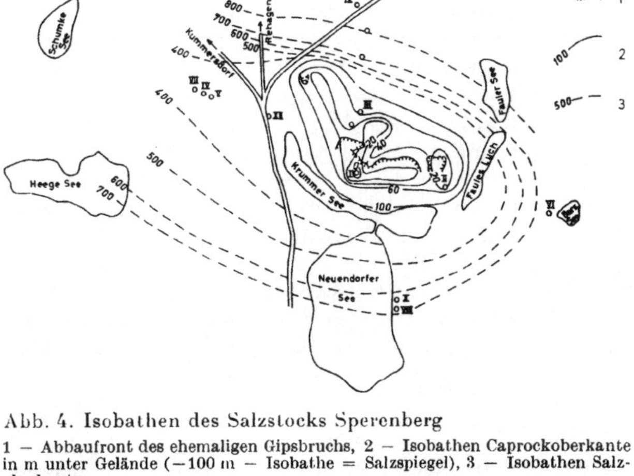

Abb. 4. Isobathen des Salzstocks Sperenberg

1 — Abbaufront des ehemaligen Gipsbruchs, 2 — Isobathen Caprockoberkante in m unter Gelände (—100 m — Isobathe = Salzspiegel), 3 — Isobathen Salzoberkante

5. Geodynamische Prozesse

Der Aufstieg des Salzstocks in den Bereich des aktiven Grundwasserumlaufs führte zur Entwicklung von Auslaugungserscheinungen, die ihr Maximum vermutlich im oberen Quartär erreichten. Während dieser Zeit kam es zu umfangreichen Subrosionsvorgängen und damit zu einer natürlichen Auslaugung von vertikalen Schlotten und flacheren Kavernen, die später durch Ton, Schluff und Sand ausgefüllt wurden, sowie zur Anlage von Auslaugungsmulden am Rande des Salzstocks, die jetzt von flachen Seen eingenommen werden. Diese „natürliche" Subrosionsphase bildet gleichzeitig eine wesentliche Voraussetzung für „anthropogen" hervorgerufene Subrosionen, bestimmt sie doch Ansatzpunkte und Ausmaß künstlich aktivierter Lösungsprozesse. Eine vorübergehende Beruhigung dieser „natürlichen" geodynamischen Prozesse erfolgt vermutlich im Holozän, so daß Oberflächensenkungen großer Ausmaße nicht mehr auftraten.

Durch die Anlage des erwähnten und 1924 stillgelegten Gipstagebaus bis 24 m unter dem Grundwasserspiegel und der damit verbundenen Wasserhaltung kam es zu einer „künstlichen" Wiederbelebung der Auslaugungserscheinungen. Die aus dem Bruch zu hebenden Wassermengen beliefen sich bis zum Jahre 1907 auf ca. 6 bis 8 m^3/min. Wasseranalysen dieser abzupumpenden Wässer liegen nicht vor. Im Jahr 1907 wurde der im Bruch stehengelassene Sicherheitspfeiler um die Bohrung I abgebaut. Nach Beseitigung dieses Sicherheitspfeilers floß aus dem Bohrloch „salzhaltiges" Wasser in den Tagebau. Täglich mußten 20000 m^3 Wasser gehoben werden, davon ca. 10000 m^3 Sohle, die etwa 3 kg Gips pro m^3 und etwa 4% NaCl enthielt. Danach wurden pro Tag 30 t Gips und 400 t Salz mit dem Wasser gefördert. Da das nachströmende nichtgesättigte Wasser die Lösungstätigkeit stets neu aktivierte, wurden also in einem einzigen Jahr ca. 10000 t Gips und 140000 t Salz gelöst. Inwieweit die oben angeführte Lösungsmenge pro Jahr für den gesamten Zeitraum des Bruchbetriebes Gültigkeit besitzt, muß dahingestellt bleiben, da Angaben zur Mineralisation und zur Menge der gehobenen Tagebauwässer für die Jahre nach 1907/08 nicht vorliegen. Es erscheint durchaus möglich, daß sich der Lösungsprozeß durch die Wasserhaltung und die darauf zurückzuführende Wasserumlagerung vom Krummen See — Salzgehalte um 1,4 bis 1,6% in den Jahren 1923 bis 1924 — zum Tagebau durch Zuführung dieser zwar nicht gesättigten aber doch stark NaCl angereicherten Wässer

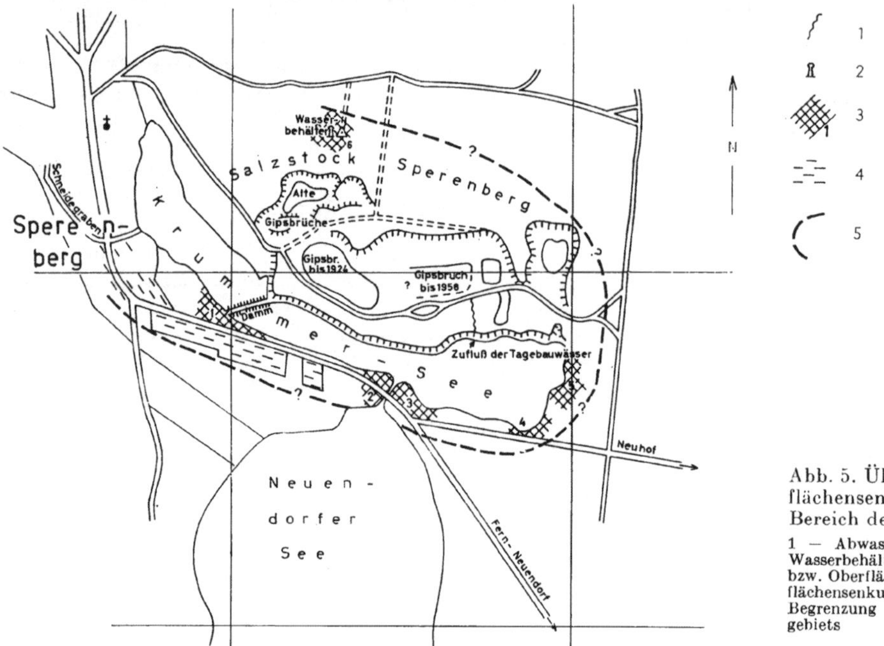

Abb. 5. Übersicht über die durch häufige Oberflächensenkung gekennzeichneten Areale im Bereich des Salzstocks Sperenberg

1 — Abwasserleitung Tagebau — Krummer See, 2 — Wasserbehälter, 3 — Gebiet mit aufgetretenen Erdfällen bzw. Oberflächensenkungen, 4 — Bereich mit durch Oberflächensenkung beschädigten Gebäuden, 5 — ungefähre Begrenzung des Erdfall- und Oberflächensenkungsgebiets

verlangsamte, so daß die oben angesetzten Zahlen für die nachfolgenden Jahre zu hoch erscheinen.

Nach den konstanten Salzgehalten des Krummen Sees und der hiervon ausgehenden „Aufsalzung" der umliegenden Gewässer zu urteilen, sollte für den Zeitraum 1907 bis 1923/24 mit einer Gesamtlösung von 400000 t bis 600000 t NaCl und Gips gerechnet werden.

Es ist danach nicht verwunderlich, daß in den Jahren um 1920, nach über einem Jahrzehnt Pumpbetrieb, bedeutende Erdfälle und Oberflächensenkungen — bevorzugt im südlichen und östlichen Uferbereich des Krummen Sees — auftraten (Abb. 5). Auffallend ist die in etwa elliptische, der Konfiguration des Salzstocks folgende Anordnung dieser Gebiete. Die im N beobachteten, nicht sehr ausgeprägten Senkungserscheinungen, führten zur zweimaligen Zerstörung des in diesem Bereich installierten Wasserbehälters (nicht auslaugungsbedingte Ursachen sind auszuschließen, da der Wasserbehälter in standsicherem Geschiebemergel gegründet wurde). Die im SE der Ortschaft Sperenberg (Abb. 5) aufgetretenen Gebäudeschäden sind gleichfalls auf Oberflächensenkungen zurückzuführen.

Neben Erdfällen und Oberflächensenkungen bildeten sich im Bereich der Straße über dem Mönniggraben (Verbindung Krummer See—Neuendorfer See) weit durchsetzende Spaltenerdfälle. Durch das Aufreißen dieser „Spalten", die vermutlich bis in den Untergrund des Krummen Sees hineinsetzen, wurde z. B. die Straße deutlich in nördlicher Richtung versetzt. Sicher handelte es sich hier um die auslaugungsbedingte Auslösung von Spannungen.

Im Jahre 1946 wurde ein neuer Gipsbruch aufgeschlossen. Der Pumpensumpf lag 10 m unter dem Grundwasserspiegel. Die Fördermenge an Tagebauwasser stieg bis 1954 auf 10 m³/min an, erhöhte sich im Sommer 1954 schnell auf 20 m³/min und blieb dann bis zur endgültigen Einstellung des Tagebaus konstant. Im Sommer 1956 wurden mehrere kleine Erdfälle am östlichen Ende des Krummen Sees beobachtet. Ein östlich des neuen Tagebaus gelegener kleiner Gipsbruch wurde durch den Pumpenbetrieb völlig trockengelegt.

Wie aus der Abb. 5 ersichtlich, wurden die aus dem Tagebau gepumpten Wässer in den östlichen Teil des Krummen Sees eingeleitet. Nach 1956 vorgenommenen Wasserabflußmessungen ergab sich eine Abflußmenge vom östlichen zum westlichen Krummen See von ca. 18 m³/min. Der Abfluß aus dem westlichen Krummen See in den Schneidegraben betrug ca. 11 m³/min. Da aus dem Tagebau im Jahre 1956 etwa 20 m³/min salzhaltiges Wasser in den Ostteil des Krummen Sees eingeleitet wurden, müssen nach den genannten Vorflutabflußmessungen ca. 2 m³/min im Untergrund des östlichen und ca. 7 m³/min im westlichen Krummen See versickert sein. Diese 9 m³ sind dem Pumpensumpf zugeflossen und demzufolge als Umlaufwasser zu bezeichnen. Zur Errechnung der Lösungsmenge für den Zeitraum 1954 bis 1958 gehen also nur ca. 11 m³/min in die Rechnung ein. Da Angaben zur Mineralisation der Tagebauwässer nicht vorliegen, wurde der Salzgehalt des Krummen Sees zugrundegelegt, der für 1956 (ULLRICH 1962) mit 1,6% angegeben wurde. Demnach sind täglich von 1954 bis 1958 ca. 240 t und pro Jahr. ca. 87000 t Salze mit dem Wasser gefördert worden.

Für die Abbauphase 1946 bis 1954 liegen keine durchgehenden Mengenmessungen der abgepumpten Tagebauwässer vor. Aus diesem Grunde wurden 6 m³/min für den vorstehend genannten Zeitraum angesetzt, von denen vermutlich wiederum die Hälfte dem Tagebau als Umlaufwasser zufloß, so daß ca. 3 m³/min in die Rechnung eingehen dürften. Der Salzgehalt des Krummen Sees wird mit 0,8% angenommen. Die Versalzung des Krummen Sees dürfte mit dem erhöhten Wasserzufluß und der damit verbundenen forcierten Lösungsgeschwindigkeit ab 1954 verstärkt eingesetzt haben, so daß die „willkürliche" Verringerung um die Hälfte — auf 0,8% — für den Zeitraum bis 1954 gerechtfertigt erscheint.

Unter Verwendung der vorstehend genannten Zahlen ergibt sich pro Tag bzw. Jahr eine gelöste Menge an NaCl und Sulfat von ca. 34 t bzw. ca. 12500 t.[1])

[1]) Diese Mengenangaben sind nur als überschlägige Werte zu betrachten, da sowohl für die tatsächlichen Vorflutabflüsse als auch für die Mineralisation keine bzw. nur ungenügende Angaben vorliegen.

Nach der 1951 ermittelten Cl- bzw. SO_4-Ionenführung der Tagebauwässer von Cl 2695 mg/l, SO_4 1939 mg/l errechnet sich eine jährliche (für 1951 zutreffende) Lösungsmenge an NaCl von ca. 6700 t und an Gips von ca. 5600 t bei 3 m^3/min an abzupumpenden Tagebauwässern.

Ähnlich wie in der ersten Abbauphase — bis 1923/24 — traten ab 1956 erste Geländesenkungen und nachfolgende Bauschäden in der Ortschaft Sperenberg auf. Nach Stilllegung des Abbaus klangen die Oberflächensenkungen langsam ab, wobei auch zum gegenwärtigen Zeitpunkt auf Grund der zweifelsohne vorhandenen Hohlräume plötzliche Senkungen und Tagesbrüche nicht völlig auszuschließen sind. Somit ist für den Abbauzeitraum 1907 bis 1923/24 und 1946 bis 1958 nach den vorstehend angeführten Zahlen mit einer Lösungsmenge von ca. 1000000 t sowohl an NaCl als auch Gips zu rechnen.

Aus dem oben angeführten kann geschlußfolgert werden, daß die Hutgesteine des Salzstocks keine Grundwasserbarriere bilden. Der Grundwasserspiegel besitzt auch im Bereich dieser Gesteine ein einheitliches Niveau bei +45 m NN. Das Wasser zirkuliert auf Klüften usw. bis hinab zum Salzspiegel und ruft somit Auslaugungsprozesse hervor, die in ursächlichem Zusammenhang mit der Anlage der Gipstagebaue stehen. So wurden im Bereich der Hutgesteine in vielen Bohrungen offene Laugungskavernen von 0,6 bis 0,8 m Höhe durchteuft. Oberhalb einiger Kavernen zeigt der Gips horizontale Ablösungsflächen, die auf eine langgestreckte, gewölbeartige Ausbildung dieser Laugungshohlräume hindeuten.

Während der Bohrarbeiten war des öfteren zu beobachten, daß der in den Klüften häufig anzutreffende Feinsand in das Bohrloch eindrang und Pfropfen bis zu 6 m Höhe bildete.

6. Schlußfolgerungen

Aus den vorausgegangenen Ausführungen wird ersichtlich, daß Subrosionsvorgänge in den Caprockgesteinen sowie im Bereich des Salzspiegels diapirartig aufgedrungener Salinarstrukturen durch die Anlage von Tagebauen bis unter das Grundwasserniveau erneut ausgelöst werden können. Hierbei setzt durch die Wasserhaltung und dem damit verbundenen Wasserzulauf, der durch die kontinuierliche Wasserhebung ein Mehrfaches der normalen Zuflußmenge erreicht, eine verstärkte, das normale Maß überschreitende Lösung der Sulfat-Chloridgesteine ein.

Für die Ingenieurgeologie und für die Hydrogeologie leiten sich daraus eine Anzahl von interessanten, aber auch komplizierten Aufgaben ab, und es ergibt sich die Forderung nach exakten, aussagekräftigen und vor allem kontinuierlich zu ermittelnden hydrogeologischen und hydrochemischen Kennwerten als Berechnungsgrundlage für im Untergrund ausgelöste strukturelle Änderungen innerhalb des Gesamtverbands. Aus diesen Ergebnissen wiederum kann auf oberflächig zu erwartende, allerdings nicht genau lokalisierbare Senkungen geschlossen werden.

Zusammenfassung

Es wird ein kurzer Abriß der geologisch-hydrogeologischen Situation für das Salinar Sperenberg gegeben. Dabei werden sowohl Probleme des Caprocks als auch der erhöhten Grundwassermineralisation behandelt. Die in Lösung überführten Sulfat- und Chloridmengen werden errechnet sowie die Aussagekraft der Analysen und der daraus errechneten Lösungsbeträge hinsichtlich ihrer Bedeutung für die Lösung ingenieurtechnischer Aufgaben einer kritischen Einschätzung unterzogen. Auf die im Gefolge der Tagebauentwässerung einsetzende Aktivierung der Laugung und den damit verbundenen Oberflächensenkungen und Tagebrüchen im Top- und Randbereich des Salinars wird hingewiesen. Die Laugung wird als Kombination subrosiver Vorgänge in den Sulfat- und Chloridgesteinen betrachtet.

Резюме

Дается краткий обзор геологическо-гидрогеологической ситуации соляной структуры Сперенберг. При этом обсуждаются как проблемы кепрока так и тех повышенной минерализации грунтовых вод. Вычисляются переведенные в раствор количества сульфата и хлорида как и подвергается критической оценкой высказывание анализов и вычисленные от них величины растворения ввиду их значение для решения инженернотехнических задач. Указывается на начинающуюся в следствие отводнения открытых горных разработок активизацию выщелачивания и связанного с этим опускания поверхности и открытых разломов в центральной и краевой областей соляной структуры. Выщелачивание рассматривается как комбинация суброзивных явлений в сульфатных и хлоридных породах.

Summary

The geological-hydrogeological situation of the saliniferous deposit of Sperenberg is briefly reviewed and includes a discussion of problems connected with the cap rock and increased ground-water mineralization. The amounts of sulphate and chloride passing into solution are calculated, and the conclusiveness of analyses and amounts of solution calculated from them are critically estimated in view of their importance to a solution of engineering problems. The leaching activation following the drainage of the open-cast mine and surface depressions and caves to the surface connected with it in the top and marginal area of the saliniferous deposit are emphasized. The leaching is considered to be a combination of subrosive processes taking place in the sulphate and chloride rocks.

Literatur

FLIEGEL, G.: Erläuterungen zur Geologischen Karte, Blatt Sperenberg. — Berlin 1924.

GAGEL, C.: Diluviale Überschiebung im Gips von Sperenberg und Segeberg. — Z. dt. geol. Gesellsch., 67, Berlin 1915.

ULLRICH, B. W.: Der Gipshut von Sperenberg. — Veröff. d. Bezirksheimatmuseums Potsdam, 1, Beiträge zur Erdgeschichte und Landschaftsentwicklung der Mark, Potsdam 1962.

Der Einfluß einer anfänglichen Strömungshemmung auf die Testergebnisse von Sonden

VOIGT, H.-D., Gommern

1. Einführung

Testarbeiten an Sonden haben das Ziel, sowohl deren Leistungsverhalten als auch die Parameter der produzierenden Schicht zu bestimmen. Vielfach ist es jedoch nicht möglich, diese Ergebnisse aus den primär gemessenen Daten mit Hilfe der bekannten Standardinterpretationsverfahren in der erforderlichen Genauigkeit zu ermitteln, da die Meßkurven teilweise erheblich vom Normalverlauf abweichen. Derartige Verformungen können durch Speicherinhomogenitäten wie Mehrschichtigkeit, Klüftung und Störungen oder durch elastisches Verhalten des porösen Gesteins verursacht werden. Aber auch Abweichungen vom linearen Strömungsgesetz (DARCY-Gesetz) beeinflussen die Meßkurven zum Teil wesentlich. Bekannt sind hierfür das Auftreten von Turbulenz und die Strömung nicht-NEWTONscher Flüssigkeiten.
Seit ca. zwei Jahrzehnten wird in der Fachliteratur verstärkt eine weitere Abweichung vom DARCY-Gesetz diskutiert, die ähnliche Erscheinungen wie bei der Strömung nicht-NEWTONscher Flüssigkeiten hervorruft. Im Bereich kleiner Druckgradienten ist hierbei die fiktive Strömungsgeschwindigkeit bedeutend kleiner als nach dem linearen Gesetz, während für große Druckgradienten wieder eine lineare Beziehung zur Geschwindigkeit besteht. Die Ursachen einer derartigen Strömungsform wurden mehrfach untersucht, jedoch liegen bisher unzureichende Ergebnisse über deren Einfluß auf das Druckaufbau-, Fließdruck- und Leistungsverhalten von Sonden vor. Da es für die Interpretation von Tests erforderlich ist, den Einfluß aller genannten Abweichungen zu kennen, um die Berechnung fehlerhafter Ergebnisse zu vermeiden und Fehleinschätzungen zu verhindern, wurde in der vorliegenden Arbeit der Einfluß der zuletzt genannten Abweichung auf das stationäre und instationäre Druckverhalten von Sonden untersucht.

2. Darstellung eines erweiterten Darcy-Gesetzes in Verbindung mit Meßergebnissen

Bei Permeabilitätsmessungen an tonigen Sandsteinproben mit mineralisiertem Wasser stellten von ENGELHARDT & TUNN (1954) entgegen dem DARCY-Gesetz eine nichtlineare Beziehung zwischen der Strömungsgeschwindigkeit und dem Druckgradienten fest. Die Abweichung verringerte sich mit steigendem Mineralisierungsgrad des Wassers. Messungen mit nichtpolaren Flüssigkeiten wie Benzol, Cyclohexan und Tetrachlorkohlenstoff sowie mit Luft an sorgfältig getrockneten Proben zeigten diese Abweichungen nicht. Als Ursache vermuteten die Autoren Adsorptionserscheinungen an Tonmineralen in Verbindung mit kapillaren Effekten.
Die Strömung nicht-NEWTONscher Flüssigkeiten, bei der analoge Abweichungen vom DARCY-Gesetz auftraten, untersuchte MIRSADSHANSADE (1959). Hierbei wurde ebenfalls im Bereich kleiner Geschwindigkeiten, ausgehend vom Nullpunkt, eine Strömungshemmung beobachtet. Reale Anfangsgradienten treten insbesondere bei Flüssigkeiten mit BINGHAMschem Fließverhalten auf. Ähnliche Strömungsformen, die durch den Aufbau einer elektrischen Doppelschicht hervorgerufen werden, sind aus dem Gebiet der Bodenmechanik bekannt. Der Einfluß derartiger elektrokinetischer Effekte wurde in mehreren Arbeiten (STREET 1961, AMBA 1965, JACQUIN 1965, KOLB 1970, LORBACH & PUSCH 1971) unter verschiedenen Gesichtspunkten untersucht. Theoretische und experimentelle Untersuchungen von HEEG u. a. (1964—1972) wie auch theoretische Arbeiten von IRMER (1972) führten ebenfalls bei kleinen Strömungsgeschwindigkeiten zu einem nichtlinearen Verlauf. Dabei konnte gemeinsam mit POHL (1974) ein Zusammenhang zwischen dem Gradienten des elektrischen Strömungspotentials und der genannten Strömungshemmung nachgewiesen werden.
Bei Gasströmung geben erstmals ACHMEDOW u. a. (1969, 1970) und MIRSADSHANSADE u. a. (1971) Versuche zur Abweichung vom DARCY-Gesetz an. Die Versuche werden an künstlichen Proben aus tonigem Quarzsand durchgeführt, wobei Strömungshemmungen nur bei Wassersättigungen $> 25\%$ festgestellt werden konnten. Diese Ergebnisse ließen sich auch durch Messungen an Kernproben aus tonigem Sandstein bestätigen (POHL 1974). Die Wassersättigungen betrugen dabei 34% und 55%.
Alle diese möglichen Effekte, die zu einem nichtlinearen Strömungsverlauf führen, können auf verschiedene Weise mathematisch formuliert werden. Folgende Beziehung erfaßt ein vom Nullpunkt beginnendes anfänglich nichtlineares Verhalten der Strömung:

$$u = -\frac{k}{\eta} \operatorname{grad} p \left[1 - \frac{\tau}{|\operatorname{grad} p|}\left(1 - e^{-\frac{|\operatorname{grad} p|}{\tau}}\right)\right] \tag{1}$$

Für große Druckgradienten ergibt Gleichung (1) einen linearen Verlauf und führt zu folgender asymptotischer Näherung:

$$u = \begin{cases} -\frac{k}{\eta} \operatorname{grad} p \left[1 - \frac{\tau}{|\operatorname{grad} p|}\right] & \text{für } |\operatorname{grad} p| \geqq \tau \\ 0 & \text{für } |\operatorname{grad} p| < \tau \end{cases} \tag{2}$$

Diese Form des erweiterten DARCY-Gesetzes wurde bereits von MUSKAT (1949) und MIRSADSHANSADE u. a. (1959, 1971) angegeben. Es zeigt sich, daß Gleichung (1) den prinzipiellen Verlauf der in Abb. 1 dargestellten Meßwerte von POHL (1974) gut wiedergibt, während Gleichung (2) nur für größere Druckgradienten gilt.

Eingang des Manuskripts in der Redaktion: 31. 1. 1978.
Teilergebnis der von der Fakultät für Technische Wissenschaften der Bergakademie Freiberg genehmigten Dissertation „Untersuchungen zum Strömungsverhalten in ein- und mehrschichtigen porösen Speichern mit Hilfe von mathematischen Simulationsverfahren".

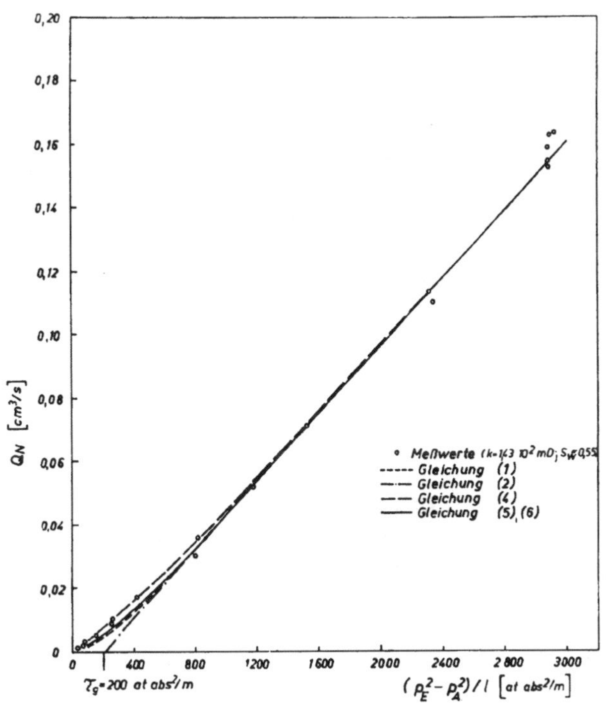

Abb. 1. Vergleich der unterschiedlichen Formen des erweiterten DARCY-Gesetzes mit Meßwerten an einer Kernprobe

Eine weitere Form eines nichtlinearen Fließgesetzes erhält man, wenn die Permeabilität analog zu den Meßwerten als Funktion der Geschwindigkeit betrachtet wird. Mit

$$k = Cu^m \tag{3}$$

und dem DARCY-Gesetz ergibt sich eine Potenzfunktion

$$u = -\left[\frac{C}{\eta} \operatorname{grad} p\right]^{\frac{1}{1-m}} \tag{4}$$

die in ähnlicher Form von VAN POOLLEN (1969) für die Strömung nicht-NEWTONscher Flüssigkeiten benutzt wurde. Unter Verwendung der Konstanten $C = 1{,}7 \cdot 10^{-2}$ mD $(\text{cm/s})^{-0{,}1}$ und $m = 0{,}1$ führt Gleichung (4) zu einer sehr guten Übereinstimmung mit den Meßdaten in Abb. 1. Auch die empirische Beziehung nach SAMES u. a. (1972)

$$u = -\frac{k}{\eta} \operatorname{grad} p \frac{|\operatorname{grad} p|}{a \cdot \tau + |\operatorname{grad} p|} \tag{5}$$

beschreibt sowohl den gekrümmten als auch den geradlinigen Kurventeil gut, sofern ein Korrelationskoeffizient a von ca. 1,3 gewählt wird. Für die Gasströmung, wie sie in Abb. 1 dargestellt ist, muß in allen Gleichungen für

$$u = \frac{Q_N p_N T z}{A p T_N} = \frac{Q_N \alpha}{p A}$$

geschrieben und anschließend integriert werden, so daß z. B. Gleichung (5) die folgende Form erhält:

$$Q_N = -\frac{Ak}{2\alpha\eta} \operatorname{grad} p^2 \frac{|\operatorname{grad} p^2|}{a \cdot \tau_g + |\operatorname{grad} p^2|} \tag{6}$$

Wie Abb. 1 zeigt, beschreiben die Gleichung (1), (4) und (5) den gesamten Kurvenverlauf der experimentellen Werte gut, haben jedoch eine kompliziertere Form als Gleichung (2), die den gekrümmten Anlaufvorgang vernachlässigt.

3. Angewendete Untersuchungsmethoden

Auf Grund der Ergebnisse aus den Kernuntersuchungen liegt die Vermutung nahe, daß auch die Testergebnisse der Sonden, Druckaufbau-, Fließdruck- und Leistungskurven, von derartigen nichtlinearen Effekten beeinflußt werden. Zur Untersuchung dieses Sachverhalts wurden Rechnungen mit einem numerischen Modell durchgeführt, wobei die in Gleichung (5) dargestellte Form des erweiterten DARCY-Gesetzes Verwendung fand. Das Modell wurde von HEEG u. a. (1973) erarbeitet und liegt für eine kartesische Geometrie der Elemente vor. Für die Berechnung des vorliegenden Einsondenproblems kann diese rechtwinklige Aufteilung des Strömungsraums zwar verwendet werden, erfordert jedoch bei der hier notwendigen detaillierten Beschreibung des bohrlochnahen Bereichs eine Vielzahl von Elementen. Zur Vermeidung der damit verbundenen hohen Kosten wurden die Eingabedaten derartig umgeformt, daß mit dem Modell ohne weitere Änderungen radialsymmetrische Probleme berechnet werden konnten. Ein Vergleich der Ergebnisse eines Testbeispiels für normale DARCY-Strömung mit der bekannten analytischen Lösung für geringkompressible Flüssigkeiten in Abb. 2 zeigt eine sehr gute Übereinstimmung im instationären Bereich. Für quasistationäre Verhältnisse weichen die Werte auf Grund der bekannten Tatsache, der druckabhängigen Gaseigenschaften, voneinander ab. Ein derartiger Vergleich erfordert die dimensionslose Darstellung von analytischer Lösung und berechneten Drücken, wobei für letztere, bei der hier vorliegenden Gasströmung, das Realgaspotential eingesetzt werden muß:

$$\varphi(p) = 2 \int_{p_0}^{p} \frac{p'}{\eta(p') \cdot z(p')} \, dp' \tag{7}$$

Der Test bestätigt die Anwendbarkeit dieser Koordinatentransformation, obwohl nur sechs Elemente mit einem jeweiligen Radienverhältnis $(r_{i+1/2}/r_{i-1/2}) = 4{,}0$ benötigt wurden. Diese Aufteilung des Drainagegebiets der Sonde wurde auch für die weiteren Rechnungen verwendet.

Neben dem numerischen Modell wurde eine analytische Gleichung für stationäre Strömungsverhältnisse abgeleitet und zur Untersuchung verwendet. Der analytischen Lösung liegt Gleichung (4) und das Strömungsgesetz mit Berücksichtigung der Turbulenz nach FORCHHEIMER in radialsymmetrischer Schreibweise zu Grunde:

$$\frac{dp}{dr} = \frac{\eta}{k} u + \varrho \beta_T u^2 \tag{8}$$

Die Kombination beider Gleichungen mit anschließender Integration in den Grenzen r_B und r_E liefert bei Verwendung der p^2-Linearisierung eine analoge zweigliedrige Fließgleichung

$$p_{Bs}^2 - p_{Bf}^2 = a^* Q_N + b Q_N^2 \tag{9}$$

mit

$$a^* = \frac{2\eta}{Cm} \left(\frac{\alpha}{2\pi h}\right)^{1-m} (r_E{}^m - r_B{}^m) \left(\frac{Q_N}{p}\right)^{-m}, \quad m \neq 0$$

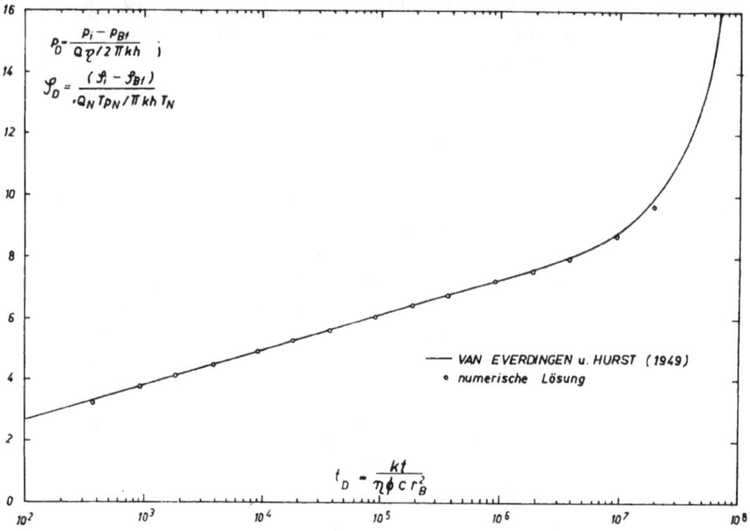

Abb. 2. Vergleich von analytischer und numerischer Lösung

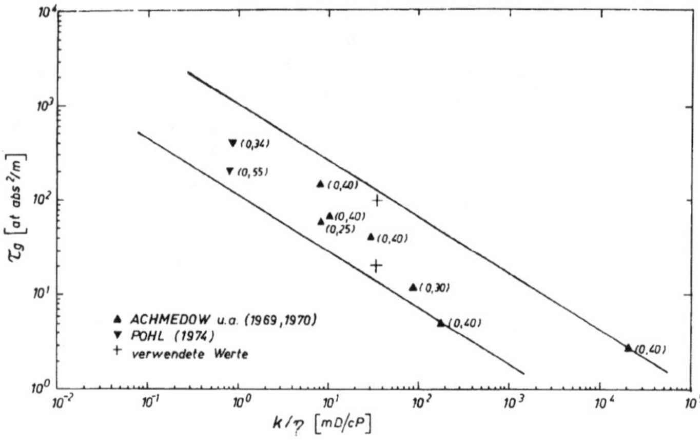

Abb. 3. Korrelation der an Proben gemessenen Anfangsgradienten (Wassersättigung der Probe)

wie sie von MINSKII ohne Berücksichtigung des nichtlinearen Anfangsvorgangs abgeleitet wurde. Jedoch hat der Koeffizient a^* eine völlig andere Form und ist außerdem vom Druck und von der Förderrate direkt abhängig, während der Turbulenzkoeffizient b die gleiche Form besitzt, da Turbulenz nur bei großen Druckgradienten nach dem Abklingen des Anlaufvorgangs merkbaren Einfluß auf das Strömungsverhalten hat.

Für die Flüssigkeitsströmung reduziert sich Gleichung (9) auf die Form

$$p_{Bs} - p_{Bf} = \frac{\eta}{Cm}\left(\frac{Q}{2\pi h}\right)^{1-m}(r_E{}^m - r_B{}^m), \quad m \neq 0 \qquad (10)$$

da hierbei der Einfluß von Turbulenz vernachlässigt werden kann.

4. Ermittlung der Ausgangsdaten

Aus den bisher vorliegenden laborativen Untersuchungen geht hervor, daß sowohl für Flüssigkeits- als auch für Gasströmung die hier diskutierte Abweichung vom linearen Strömungsgesetz mit sinkender Permeabilität der Probe anwächst. Diese Abhängigkeit wurde bereits von SULTANOW (1960) festgestellt. Es lag daher nahe, für die Gasströmung den in Gleichung (2) definierten Anfangsgradienten als Funktion von k/η darzustellen. Diese Korrelation aller zur Verfügung stehenden Werte in Abb. 3 weist trotz unterschiedlicher Wassersättigung der einzelnen Proben eine eindeutige Abhängigkeit auf und ermöglicht die Abschätzung eines möglichen Anfangsgradienten für den betreffenden Speicher. Auf Grund der sich aus Abb. 3 ergebenden Abhängigkeit ist zu erwarten, daß besonders die Testergebnisse von Sonden in niederpermeablen Speichern vom normalen Verlauf abweichen. Für die weiteren Rechnungen wurde daher ein derartiger Speicher gewählt dessen Eigenschaften in Tab. 1 zusammengestellt sind.

Entsprechend diesen Eigenschaften wurden Anfangsgradienten von 100 $atabs^2/m$ und 20 $atabs^2/m$ ermittelt. Beide Werte befinden sich innerhalb des Korrelationsintervalls von Abb. 3.

5. Ergebnisse der Berechnungen

Druckaufbau- und Fließdruckverhalten von Sonden:

Für die in Tab. 1 angeführten Daten wurden mit dem numerischen Modell, ausgehend vom initialen Druck des Speichers, das Fließdruckverhalten und der sich nach dem Schließen der Sonde ergebende Druckaufbau berechnet. Die Sonde förderte 2 Tage mit einer konstanten Rate von 10^5 m^3/d, dabei wurde der Einfluß von Nachproduktion und Turbulenz nicht berücksichtigt, da andernfalls die

Zeitschrift für angewandte Geologie, Bd. 24 (1978), Heft 12

Tab. 1. Eigenschaften des hypothetischen Speichers

k = 1,0 mD	p_i = 430 atabs
$\emptyset\, s_g$ = 0,1 –	T_i = 400°K
h = 50,0 m	η_i = 0,029 cP
r_E = 409,6 m	z_i = 1,209 –

Die Druckabhängigkeit der Viskosität und des Realgasfaktors wurde durch Polynome dritten Grads berücksichtigt.

zu erwartende Verfälschung dieser Testergebnisse infolge eines Anfangsgradienten überprägt werden kann.

Als erstes galt es, den Einfluß eines veränderlichen Anfangsgradienten von 20 und 100 atabs²/m, wie er für die gewählten Speicherparameter auftreten kann, zu erfassen. Die erhaltenen Fließdruck- und Druckaufbaukurven sind in Abb. 4 in dimensionsloser Form gemeinsam dargestellt. In der Gegenüberstellung mit den Kurven für ein lineares Strömungsgesetz zeigt sich aus Abb. 4, daß die Berücksichtigung eines Anfangsgradienten zu erheblichen Abweichungen führt. Anfänglich stellt sich bei beiden Kurventypen ein Geradenanschnitt ein, der jedoch mit wachsendem τ_g stärker verkippt ist und folglich zu geringe *kh*-Werte liefert. Für größere Fließ- bzw. Schließzeiten weichen die Kurven vom linearen Verlauf ab und besitzen eine analoge Form wie sie durch Speicherdiskontinuitäten wie z. B. Störungen verursacht werden kann.

Im Anschluß daran wurde ein Test einer Sonde simuliert, wie er in der Praxis durchgeführt wird. Dabei muß angenommen werden, daß die Speicherparameter und somit auch der Anfangsgradient im Sondeneinzugsgebiet konstant bleiben und nur die Förderraten variiert werden. Ausgehend wiederum von initialen Bedingungen produzierte die Sonde in vier Zyklen von jeweils 2 Tagen mit Förderraten von 0,5, 1,0, 2,0 und 3,0 · 10⁵ m³/d. Im Anschluß an jeden Förderzyklus war die Sonde bis zum Erreichen des statischen Schichtdrucks geschlossen. In den Abb. 5 und 6 sind die berechneten Fließdruck- und Druckaufbaukurven für einen Anfangsgradienten von 100 atabs²/m in dimensionsloser Form aufgetragen. Beide Kurvenarten zeigen wiederum von dem zusätzlich dargestellten normalen Kurvenverlauf Abweichungen, die um so deutlicher hervortreten, desto kleiner die Förderrate der Sonde

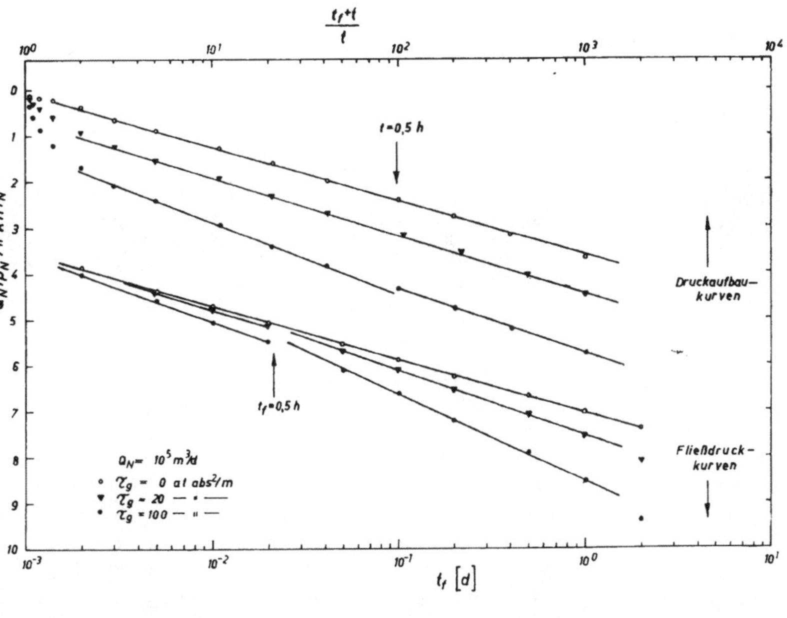

Abb. 4. Druckaufbau- und Fließdruckkurven für verschiedene Anfangsgradienten

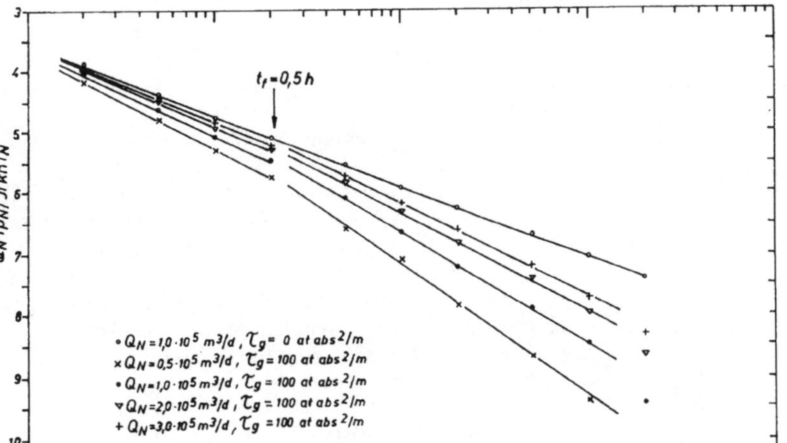

Abb. 5. Berechnete Fließdruckkurven für unterschiedliche Förderraten

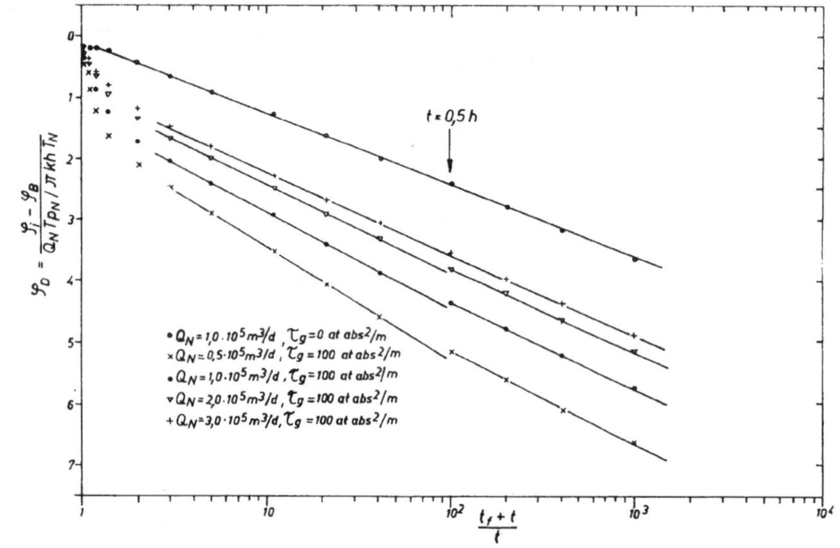

Abb. 6. Berechnete Druckaufbaukurven für unterschiedliche Förderraten

ist. Für Fließ- und Schließzeiten, kleiner bzw. größer als 0,5 Stunden, lassen sich für jede Förderrate geradlinige Abschnitte finden, deren Steigung mit wachsender Förderrate der idealen halblogarithmischen Steigung für das lineare Strömungsgesetz von 1,15 zustrebt. Nach Zeiten von 1,0 d weisen alle Kurven einen gekrümmten Verlauf auf. Damit führt die Extrapolation des letzten Geradenabschnitts nicht mehr zum statischen Schichtdruck. Dieser müßte demzufolge bei einem realen Test gemessen werden und erfordert lange Schließzeiten, wie aus Abb. 6 zu ersehen ist.

Die Auswertung der beiden geradlinigen Bereiche bezüglich der *kh*-Werte ist in Tab. 2 angeführt. Es zeigt sich, daß generell zu kleine Werte berechnet werden und Fließdruckkurven schlechtere Ergebnisse liefern als Druckaufbaukurven. Der erste geradlinige Abschnitt liefert allgemein *kh*-Werte mit geringerem Fehler. In der Praxis wird dieser Abschnitt jedoch durch die Nachproduktion beeinflußt und kann damit nicht mit den hier angewendeten Standardmethoden für die Bestimmung von *kh* benutzt werden. Der Einfluß der Nachproduktion ist für die gewählten Verhältnisse erst nach 0,5 bis 1,0 h vernachlässigbar.

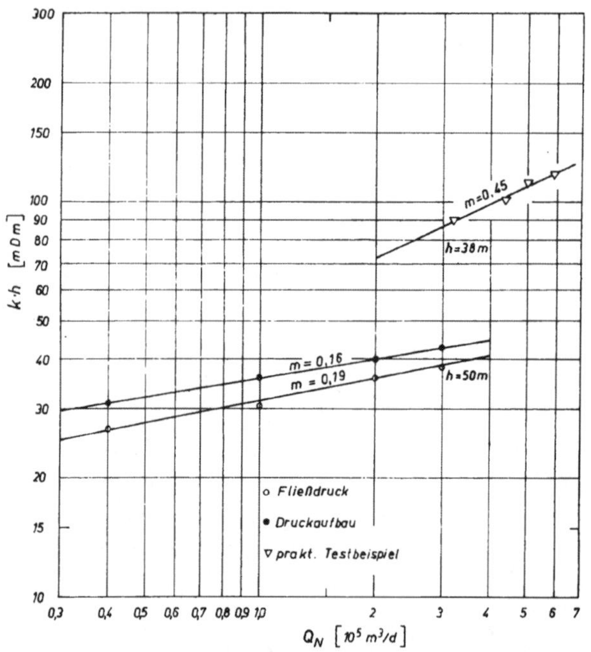

Abb. 7. Ermittelte kh-Werte in Abhängigkeit von der entsprechenden Förderrate

Tab. 2. Berechnete kh-Werte aus Fließ- und Druckaufbaukurven

Q [m³/d]	τ_g [atabs²/m]	*kh* [mD · m] Fließdruckmessung		Druckaufbaumessung	
		$t_f < 0{,}5$ h	$t_f > 0{,}5$ h	$t < 0{,}5$ h	$t > 0{,}5$ h
$1{,}0 \cdot 10^5$	0	50,0	50,0	50,0	50,0
$1{,}0 \cdot 10^5$	20	46,0	41,0	46,0	46,0
$1{,}0 \cdot 10^5$	100	39,7	30,3	41,0	36,0
$0{,}5 \cdot 10^5$	100	36,0	26,8	37,1	37,1
$2{,}0 \cdot 10^5$	100	42,6	36,0	42,6	39,7
$3{,}0 \cdot 10^5$	100	44,3	38,4	44,3	42,6

Wie sich aus Tab. 2 weiterhin ergibt, steigen die *kh*-Werte mit wachsender Förderrate. BARENBLATT u. a. (1972) erhielten für den gleichen Fall aus einer analytischen Näherungslösung folgende Beziehung zwischen *kh* und der Förderrate:

$$\frac{(kh)_n}{(kh)_{n+1}} \approx \left[\frac{Q_{N,n}}{Q_{N,n+1}}\right]^m \tag{11}$$

mit $0 \leqq m \leqq 2/3$.

Eine gleiche Beziehung kann unter Verwendung der Potenzfunktion aus Gleichung (3) abgeleitet werden.

In Abb. 7 sind die berechneten *kh*-Werte des zweiten Geradenabschnitts nach obiger Beziehung doppellogarithmisch dargestellt. Es ergeben sich eindeutige Geraden mit der Steigung *m*, die nach den Ergebnissen der Fließdruck- und Druckaufbaukurven 0,19 und 0,16 beträgt. Eine Extrapolation dieser Geraden würde erst für Förderraten größer als $8 \cdot 10^5$ m³/d näherungsweise zu dem Eingabewert von 50 mDm führen.

Leistungsverhalten von Sonden:

Aus den berechneten Fließdrücken und den entsprechenden Förderraten kann nun das Leistungsverhalten der hypothetischen Sonde bestimmt werden. Unter Berücksichti-

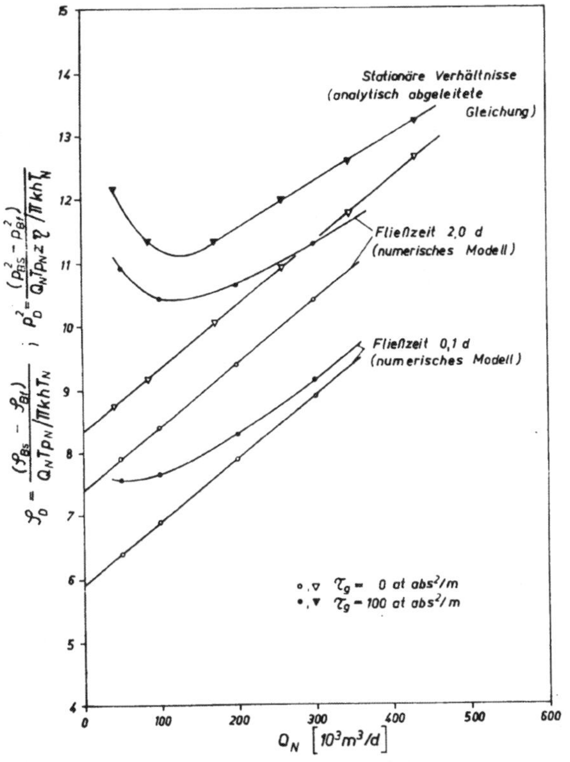

Abb. 8. Instationäres und stationäres Leistungsverhalten einer Sonde, mit und ohne Berücksichtigung des Anfangsgradienten

gung der Turbulenz ergeben sich in der für Gassonden gebräuchlichen Darstellung

$$(\varphi_{Bs} - \varphi_{Bf})/Q_N = f(Q_N) \quad \text{oder} \quad (p_{Bs}^2 - p_{Bf}^2)/Q_N = f(Q_N)$$

Geraden mit dem Turbulenzkoeffizienten $b/\eta z$ bzw. b als Steigerung. In Abb. 8 wurden die Darstellungen $\varphi_D = f(Q_N)$ und $p_D{}^2 = f(Q_N)$ gewählt, um in beiden Fällen die gleiche Neigung zu erhalten. Außerdem liefert eine solche Auftragung auch für die Flüssigkeitsströmung gleiche Zahlenwerte, wenn $b = 0$ gesetzt wird. Ein Vergleich der Ergebnisse mit und ohne Berücksichtigung eines Anfangsgradienten in Abb. 8 zeigt, daß erstere besonders bei kleinen Förderraten vom gewöhnlichen linearen Verlauf abweichen. Die Abweichung verstärkt sich mit zunehmender Fließzeit, wie aus einem Vergleich der Kurven bei 0,1 d und 2,0 d Fließzeit hervorgeht.

Zusätzlich ist in Abb. 8 das stationäre Leistungsverhalten nach MINSKII und nach Gleichung (9) dargestellt. Die Berechnung erfolgte ebenfalls mit den Speicherdaten nach Tab. 1, wobei sich die Größen $m = 0{,}1$ und $C = 1{,}98$ mD $(\text{cm/s})^{-0,1}$ aus einem Vergleich von Gleichung (4) und (5) für gleiche Parameter ergeben. Mit den erhaltenen Werten entstehen Kurven, welche die gleichen Abweichungen, wie unter instationären Fließverhältnissen, aufweisen. Beide Untersuchungsmethoden, das numerische Modell sowie die analytisch abgeleitete Gleichung, führen damit zu identischen Ergebnissen und zeigen einen deutlichen Einfluß eines Anfangsgradienten auf das Leistungsverhalten einer Sonde.

6. Praktisches Testbeispiel

In der Praxis zeigen sich ebenfalls analoge Veränderungen an Testergebnissen, wie sie vorhergehend berechnet wurden, und zwar vorrangig an Sonden mit geringer Permeabilität. Dieses Ergebnis konnte auch aus der Korrelation der an Proben im Labor gemessenen Anfangsgradienten abgeleitet werden.

Die Abb. 9, 10 und 11 zeigen die an einer geringpermeablen Sonde gemessenen Werte in der gebräuchlichen Darstellungsweise. Die Fließdruckkurven weisen nach dem Abklingen der Nachproduktion wie üblich Geraden auf, deren Neigungen sich durch die letzten Meßwerte zu vergrößern scheinen. Besonders deuten die berechneten kh-Werte auf ein nichtlineares Fließgesetz hin. Eine Darstellung in Abb. 7 zeigt, daß sie stärker als im hypothetischen Beispiel von der Förderrate beeinflußt werden. Die Neigung beträgt 0,45 und liegt damit innerhalb des von BARENBLATT u. a. (1972) theoretisch abgeleiteten Bereichs. Von den gleichen Autoren angegebene praktische Messungen führen zu Neigungen von 0,24 bis 0,84.

Druckaufbaumessungen der gleichen Sonde zeigen ebenfalls Abweichungen gegenüber dem normalen Verlauf. Nachproduktion und Endanstieg gehen bei allen drei Messungen ineinander über, so daß sich keine eindeutige Gerade zur Bestimmung der Permeabilität herausbilden kann. Der statische Schichtdruck wurde nicht erreicht und kann auch durch Extrapolation nicht bestimmt werden. Schließlich weicht auch der Punkt mit geringster Förderrate vom normalerweise geradlinigen Verlauf der Darstellung

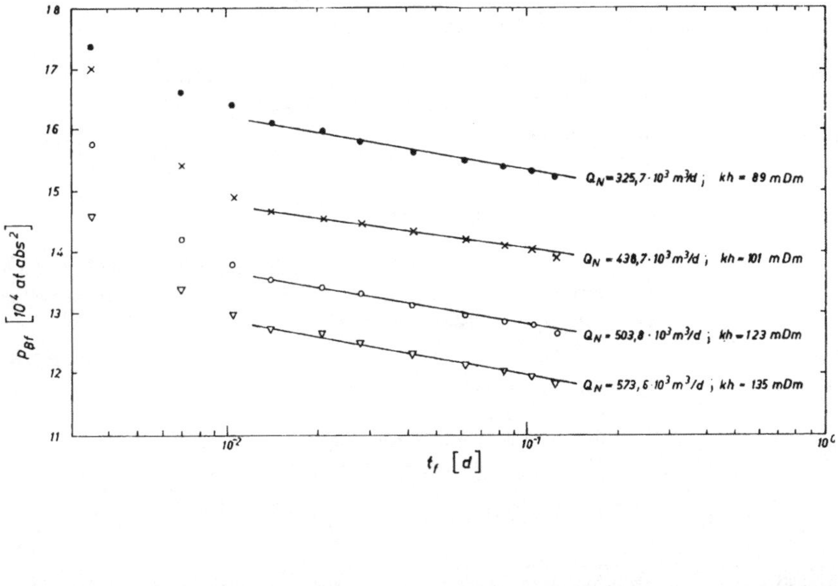

Abb. 9. Praktisches Testbeispiel: Fließdruckkurven

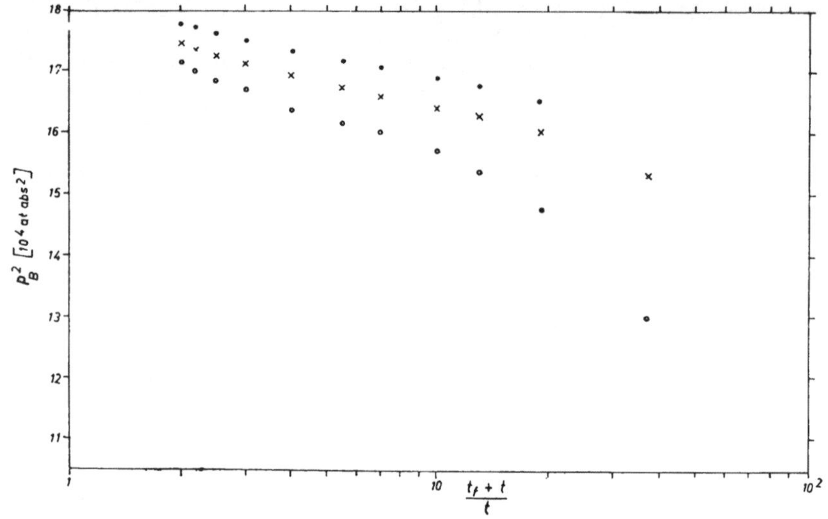

Abb. 10. Praktisches Testbeispiel: Druckaufbaukurven

$(p_{Bs}^2 - p_{Bf}^2)/Q_N = f(Q_N)$ ab, obwohl das Nichterreichen des statischen Schichtdrucks durch Beachtung der Fördergeschichte berücksichtigt wurde. Größere Abweichungen vom geradlinigen Verlauf sind bei kleineren als hier gemessenen Förderraten zu erwarten. Eine Interpretation eines derartigen Leistungsverhaltens hätte so zu erfolgen, daß die Filtrationskoeffizienten den ermittelten Dauerförderbereich der Sonde gut wiedergeben.

Für große Förderraten ergibt die Steigung der Meßwerte näherungsweise den Turbulenzkoeffizienten b, wie aus den berechneten Leistungskurven in Abb. 8 zu ersehen ist. Damit kann der durch Turbulenz verursachte zusätzliche Druckabfall eliminiert werden, so daß sich bei Gültigkeit des DARCY-Gesetzes eine vom Nullpunkt beginnende lineare Abhängigkeit der korrigierten quadratischen Druckdifferenzen von der Förderrate ergeben müßte. Die Meßwerte in Abb. 12 führen jedoch bei geradliniger Interpretation zu einer anfänglichen quadratischen Druckdifferenz von $4 \cdot 10^3$ atabs², die in Verbindung mit dem berechneten Einzugsradius von 121 m zu einem Anfangsgradienten von 33 atabs²/m führt. Dieser Wert ist unmittelbar mit den an Kernen bestimmten Anfangsgradienten von Abb. 3 vergleichbar, da der entsprechende Korrelationswert — berechnet aus der maximalen Permeabilität von Abb. 9 und einer Viskosität von 0,0287 cP — $k/\eta = 124$ mD/cP beträgt.

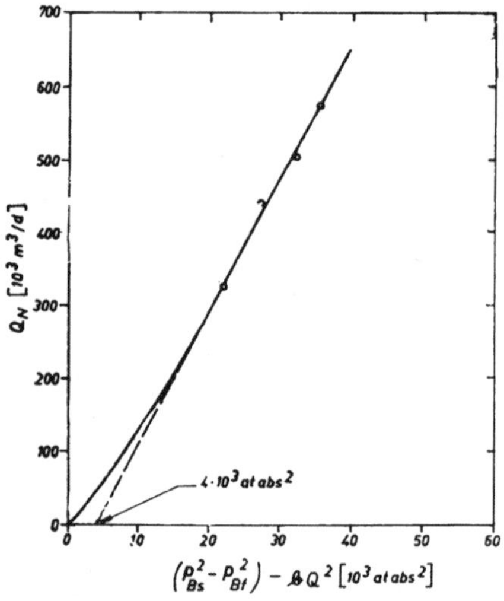

Abb. 12. Praktisches Testbeispiel: Turbulenzloser quadratischer Druckabfall in Abhängigkeit von der Förderrate

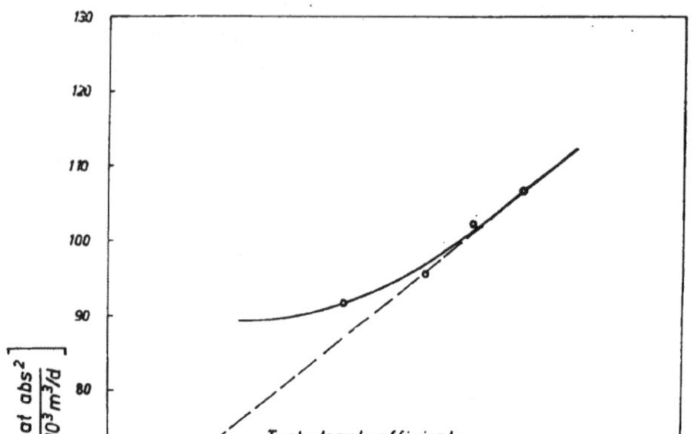

Abb. 11. Praktisches Testbeispiel: Leistungsverhalten der Sonde

7. Schlußfolgerungen

Aus den vorhergehenden Untersuchungen ergeben sich folgende Schlußfolgerungen für die praktische Interpretation von Testergebnissen:

1. Weisen die Testergebnisse von Sonden in geringpermeablen Speichern die ermittelten Abweichungen vom normalen Fließdruck-, Druckaufbau- und Leistungsverhalten auf, so kann der Strömung zu dieser Sonde ein erweitertes DARCY-Gesetz zugrunde gelegt werden.

2. Bei Fließdruck- und Druckaufbaukurven ist die erste Gerade nach dem Abklingen der Nachproduktion für die Berechnung der Permeabilität zu benutzen.

3. Eine doppellogarithmische Darstellung der *kh*-Werte in Abhängigkeit von der jeweiligen Förderrate ergibt eine Gerade mit einer Steigung im Bereich $0 < m \leqq 2/3$.

4. Der statische Schichtdruck des Speichers kann nicht durch Extrapolation der Druckaufbaukurven ermittelt werden, sondern ist nur durch Messungen nach längerer Schließzeit der Sonde bestimmbar.

5. Die Filtrationskoeffizienten sind aus der Darstellung $(p_{Bs}^2 - p_{Bf}^2)/Q_N = f(Q_N)$ so zu bestimmen, daß der für die Dauerförderung vorgesehene Leistungsbereich gut genähert wird.

Verzeichnis der Symbole

Für alle Gleichungen und dimensionslosen Ausdrücke der vorliegenden Arbeit kann jedes kohärente Maßsystem benutzt werden. Die Ergebnisse wurden in folgenden praktischen Maßeinheiten angegeben:

A	— Fläche	m^2
a	— Koeffizient Gl. (5)	
a^*	— Filtrationskoeffizient Gl. (8)	$\frac{atabs^2}{m^3/d}$
b	— Turbulenzkoeffizient der Schicht	$\left(\frac{atabs^2}{m^3/d}\right)$
C	— Koeffizient Gl. (3)	$\frac{mD}{(cm/s)^m}$
c	— Gesamtschichtkompressibilität	$atabs^{-1}$
h	— effektive Schichtmächtigkeit	m
k	— Permeabilität	mD
l	— Länge der Kernprobe	m
m	— Exponent Gl. (3)	
p	— Druck	atabs
p_A	— Druck am Probenausgang	atabs
p_B	— Sohlendruck	atabs
p_E	— Druck am Probeneingang	atabs
Q	— Förderrate	m^3/d
r	— Radius	m
r_B	— Bohrlochradius	m
r_E	— Radius der Einzugskontur	m
S_g	— Gassättigung	
T	— Temperatur	°K
t	— Zeit	d
u	— fiktive Geschwindigkeit	m/s
z	— Realgasfaktor	
α	— Koeffizient $= p_N\,Tz/T_N$	
β_T	— Turbulenzkoeffizient Gl. (7)	
η	— dynamische Viskosität	cP
ϱ	— Dichte	
τ	— Anfangsgradient	at/m
τ_g	— Anfangsgradient für Gasströmung	$atabs^2/m$
$\emptyset$	— Porosität	

Indizes:

D	— dimensionslos
f	— fördernd
i	— initial
N	— Normzustand
s	— statische Bedingungen

Zusammenfassung

Ausgehend von Kernuntersuchungen, die bei Flüssigkeits- und Gasströmungen ein nichtlineares Strömungsverhalten nachweisen, ließen sich verschiedene Formen eines erweiterten DARCY-Gesetzes darstellen und vergleichen. Nachfolgend wurde auf der Grundlage dieser Strömungsgesetze das Druckverhalten einer Sonde mit Hilfe eines numerischen Modells und einer speziell dafür abgeleiteten stationären Lösung berechnet. Das Fließdruck-, Druckaufbau- und Leistungsverhalten dieser Sonde weisen eindeutig Abweichungen gegenüber dem normalen Verlauf auf. Abschließend werden Messungen eines Tests mit analogen Abweichungen angeführt und Hinweise für die praktische Testinterpretation gegeben.

Резюме

Исходя из исследований кернов, показывающие при жидкостном и газовом течении нелинейное поведение течения, было возможно представлять и сравнивать различные формы расширенного закона Дарзи. В следующем было вычисленно на основе этих законов течения поведение давления одной скважины с помощью числовой модели и специально для этого выводящего стационарного решения. Поведение текущего давления, нарастания давления и дебитности этой скважины указало однозначно отклонения по сравнению с нормальным ходом. Окончательно приводятся измерения опробования с аналогичным ходом и дадутся указания для практической интерпретации опробования.

Summary

From core tests demonstrating a non-linear flow behaviour in liquid and gas flows various modes of an extended DARCY law can be described and compared. Based on these laws of flow the pressure behaviour of a probe was calculated by means of a numerical model and a steady-state solution specially derived for it. The flow-pressure, pressure build-up and output behaviour of this probe clearly show differences from the normal process. To conclude, measurements of a test with analogue differences are mentioned and informations on practically interpreting the tests are given.

Literatur

ACHMEDOW, S. M.; BARENBLATT, G. J.; ENTOW, W. M.; MIRSADSHANSADE, A. CH.: O neleneinych effektach pri filtrazii gasa. — Mechanika shidkosti i gasa, 5, 103—109 (1969).

ACHMEDOW, S. M.; GUKASJAN, A. A.: Issledowanie wlijanija promywotschnach shidkostei na filtraziju gasa. — Geol. Nefti i Gasa, 12, 35—38, Moskau 1970.

AMBA, S. A. u. a.: Application of Electrical Current for Increasing the Flow Rate of Oil and Water in porous Medium. — J. canad. Petr. Technology, 2, 81—88 (1965).

BARENBLATT, G. J.; ENTOW, W. M.; RYSHIK, W. M.: Teorija nestazinonarnoi filtrazii shidkosti i gasa. — Verlag Nedra, Moskau 1972.

HEEJ, W.; HÄFNER, F.; VOIGT, H. D.: Simulation der Flüssigkeits- und Gasströmung in deformierbaren porösen Gesteinen unter Berücksichtigung der Abweichung vom DARCY-Gesetz, Teil II. — Z. angew. Geol., 19, 7, 369—376, Berlin 1973.

IRMER, G.: Theoretische Untersuchungen zur Struktur und Strömung von Liquidphasen in Mikroporen. — Diss. Bergakademie Freiberg, Freiberg 1972.

JACQUIN, C.: Interaction entre l'argile et les fluides, écoulements à travers les argiles compactes. — Rev. Inst. franc. Petr., 10, 1475—1501, Paris 1965.

KOLB, H. E.: Untersuchungen über elektrokinetische Effekte bei Fließvorgängen von Lagerstättenflüssigkeiten in porösen Körpern. — Diss. Bergakademie Clausthal, Clausthal 1970.

LORBACH, M.; PUSCH, G.: Möglichkeiten der Anwendung elektrokinetischer Effekte zur Beeinflussung des Fließverhaltens in Erdöllagerstätten. — Erdöl-Erdgas-Z., 3, 100, Wien 1971.

MIRSADSHANSADE, A. CH.: Fragen der Hydrodynamik. — Asernefte schr.; Baku 1959.

MUSKAT, M.: Physical Principles of Oil Production. — McGraw Hill Book Co., New York 1949.

POHL, A.: Zur Parameterbestimmung und experimentellen Untersuchung physikalischer Eigenschaften von Speichergesteinen. — Diss. Bergakademie Freiberg, Freiberg 1974.

SAMES, D.; GÜNTHER, G.; SCHÜNZEL, D.: Programmbeschreibung für das BESM-6-Programm: Dreidimensionales Modell für erweiterte DARCY-Strömung. — Leipzig 1972.

STREET, N.: Electrokinetic Effects in Laboratory Permeability Measurements. — Prod. Monthly, 1, 12—14 (1961).

SULTANOW, B. I.: O filtrazii wjasko-plastitschnych sidkostei w poristoi srede. — IAN aserbaidshan. SSR, 5 (1960).

VAN EVERDINGEN, A.; HURST, W.: The Application of the Laplace-Transformation to Flow Problems in Reservoirs. — Trans. ALME, 305—326, (1949).

VAN POOLLEN, H. K.; JARGON, A. P.: Steady-State and Unsteady-State Flow of Non-Newtonian Fluids through Porous Media. — Soc. Petr. Eng. J., 80—88, Dallas 1969.

VON ENGELHARDT, W.; TUNN, W.: Heidelberger Berichte zur Mineralogie und Petrographie. — Heft 1/2, Heidelberg 1954.

Übersicht über das 3. Symposium für antarktische Geologie und Geophysik in Madison/Wisconsin (USA)

SCHNEIDER, M. M., Potsdam; PAECH, H.-J., Berlin

Mitteilung des Zentralinstituts für Physik der Erde Nr. 681

1. Einleitung

Durch das Internationale Geophysikalische Jahr 1957/58 hat die Erforschung der Antarktis einen entscheidenden Aufschwung genommen. Geowissenschaftliche Untersuchungen nehmen dabei naturgemäß einen breiten Raum ein. In relativ kurzer Zeit wurde ein Großteil der geologischen Aufschlüsse erstmals untersucht oder aber schon — je nach den Möglichkeiten — Detailstudien unterzogen. Die Fülle der erzielten Ergebnisse hat man auf den internationalen Symposien über antarktische Geologie und Geophysik in Capetown 1963 und in Oslo 1970 vorgelegt. Die Arbeiten kamen in entsprechenden Sammelbänden (ADIE, R. J. 1964, 1972) einem breiten Kreis von Interessenten zur Kenntnis.

Das 3. Symposium für antarktische Geologie und Geophysik fand vom 22. bis 27. August 1977 in Madison/Wisconsin (USA) statt. Es wurde von der Universität von Wisconsin im Auftrag des Scientific Committee on Antarctic Research (SCAR), der International Union of Geological Sciences (IUGS) und der Interunion Commission on Geodynamics (IUCG) veranstaltet. Das Symposium war mit etwa 180 eingetragenen Teilnehmern aus 15 Staaten die bisher am stärksten besuchte Veranstaltung dieser Art. Außer den 12 Mitgliedsstaaten des SCAR waren die DDR, BRD und Kanada vertreten.

In 16 Sitzungsreihen zu einzelnen Themenkomplexen wurden etwa 150 Vorträge zu den neuesten Ergebnissen der geologischen und geophysikalischen Forschungen in der Antarktis gehalten und diskutiert.

Die Thematik schlüsselte sich wie folgt auf:

4 Sitzungen Südantillen-Bogen
- tektonische und paläogeographische Fragen;
- Metamorphose, Beziehungen zur Antarktischen Halbinsel und zu Südamerika;
- stratigraphische und paläontologische Fragen;
- geophysikalische und geochemische Untersuchungen.

2 Sitzungen Gondwana-Kontinent
- Entwicklung und Rekonstruktion;
- paläontologische Fragen.

2 Sitzungen Verhältnis Oberes Präkambrium — Unteres Paläozoikum
- Nord-Viktoria-Land;
- Königin-Maud-Land, Westantartika, Transantarktisches Gebirge.

2 Sitzungen känozoische Geschichte
- Ursprung und Ablauf der Vereisung;
- ausgewählte Untersuchungen zur Hydrogeologie, zur Ozeanbodentopographie und zu Trockentälern.

je 1 Sitzung
- Ostantarktische Tafel: Prinz-Charles-Gebirge;
- Eruptivgesteine;
- Strukturgeologie und Tektonik: Westantarktika und Übergangsgebiet zu Ostantarktika;
- Krustenstruktur: geophysikalische Untersuchungen in ausgewählten Gebieten von Ost- und Westantartika;
- Lagerstättenverteilung: Prinz-Charles-Gebirge, Antarktische Halbinsel und Viktoria-Land;
- subglaziales Relief in ausgewählten Gebieten von Ost- und Westantartika;
- marine Geologie: Sedimentation, Kontinentalrand und -schelf.

Eingang des Manuskripts in der Redaktion: 28. 3. 1978.

Gegenüber dem vorangegangenen Symposium in Oslo 1970 fiel eine deutliche Verlagerung des Schwergewichts der Untersuchungen von Ostantarktika in das Gebiet des Südantillenbogens sowie in den Übergangsbereich zwischen West- und Ostantarktika einschließlich Viktoria-Land und Kontinentalschelf auf. Dies erstreckte sich auf alle Arten von geologisch-geophysikalischen Untersuchungen. Ostantarktika betreffend wurden vor allem die Randgebiete des Lambert-Gletschers vorgestellt und einige Probleme des Enderby- und des Königin-Maud-Lands behandelt. Die bisher oftmals vorläufigen Beschreibungen machten detaillierten Untersuchungen Platz. In der Interpretation der Befunde zeichnete sich eine neue Qualität ab, indem nicht nur die gegenwärtig in der Antarktis vorhandenen Strukturen abgebildet, sondern die Entwicklungsprozesse, insbesondere in den Beziehungen Gondwanas zu den anderen Kontinenten, erörtert wurden.

Geophysikalische Methoden der Erdkrustenforschung wurden in zunehmendem Umfang bei den komplexgeowissenschaftlichen Untersuchungen angewendet. Hauptsächlich wurden seismische, aeromagnetische und gravimetrische Untersuchungen durchgeführt, erst vereinzelt geothermische. Insgesamt ist durch die Anwendung geophysikalischer Verfahren ein wesentlicher Zuwachs an Kenntnissen über die Verhältnisse in eisbedeckten Gebieten und unter antarktischen Gewässern zu verzeichnen.

Untersuchungen vom Flugzeug aus spielen eine besondere Rolle. Aeromagnetische Messungen zur Erkundung subglazialer und mariner Strukturen sowie elektromagnetische Sondierungen zur Bestimmung der Morphologie der Gebirgsoberfläche wurden in weiten Gebieten von West- und Ostantarktika durchgeführt, in geringem Umfang auch im Transantarktischen Gebirge erste Messungen der natürlichen Gammaaktivität. Seismische Profile wurden insbesondere im Seengebiet der Antarktischen Halbinsel und in der Weddell-See sowie im Gebiet des Lambert-Gletschers angelegt. DREWRY u. a. stellten Eisdickensondierungen in Westantarktika und eine Karte des subglazialen Reliefs im pazifisch-indischen Sektor Antarktikas als Ergebnis mehrjähriger Arbeiten des Scott Polar Research Institute vor.

Stationäre geophysikalische Untersuchungen in Antarktika, die zum Standardprogramm der meisten permanenten Stationen gehören, und Messungen auf innerkontinentalen Profilen spielten auf dem Symposium eine untergeordnete Rolle. Ihre Ergebnisse fließen zum großen Teil in globale oder regional zusammenfassende bzw. vergleichende Betrachtungen ein, z. B. zum Schwerefeld Antarktikas durch GRUŠINSKI. Zur Seismizität des antarktischen Kontinents, der bekanntlich als aseismisch anzusehen ist, gibt es keine wesentlich neuen Erkenntnisse. Schwache Einzelbeben wurden von ADAMS und KAMINUMA untersucht und auf Eisbewegungen bezogen.

Das Interesse an den geologischen Ressourcen der antarktischen Gebiete ist durch die Teilnahme einer Reihe US-amerikanischer Erdölfirmen deutlich geworden, auch wenn immer wieder auf den vorläufigen Charakter von Untersuchungsbefunden und auf die technischen Schwierigkeiten bei einer eventuellen Gewinnung von Bodenschätzen hingewiesen wurde. Die Höffigkeit an Lagerstätten mineralischer Rohstoffe wurde im allgemeinen vorsichtig optimistisch eingeschätzt. Die großen jaspilitischen Eisenerzvorkommen im Prinz-Charles-Gebirge wurde von RAVIČ u. a. ausführlich dargestellt. Informationen über Vorkommen von Vererzungen gaben weiter ROWLEY u. a. und VIEIRA u. a.

2. Ausgewählte Beiträge

Antarktische Halbinsel und Südantillenbogen

Besonderes Augenmerk galt der geologischen Entwicklung der Antarktischen Halbinsel und des Südantillenbogens als Bindeglied zum südamerikanischen Kontinent, weil sich hier die

Frage nach der Zerspaltung Gondwanas und die nachfolgenden Driftbewegungen im Zusammenhang mit plattentektonischen Prozessen klären läßt. Über das Alter der Hauptfaltung dieses Gebiets konnte noch keine einheitliche Auffassung erarbeitet werden. MILLER spricht sich ähnlich wie GRIKUROW für eine jungpaläozoische Faltung aus. Andererseits wird durch zahlreiche neue Untersuchungsergebnisse ein obertriassisches bis unterjurassisches Alter einzelner gefalteter Serien belegt (z. B. THOMSON u. a., DALZIEL u. a.). EDWARDS berichtete über den Nachweis einer mittel- bis obertriassischen Fauna in Serien, deren Alter bisher für karbonisch gehalten wurde. Derartige Neufunde haben zwangsläufig schwerwiegende Auswirkungen auf tektonische Interpretationen, z. B. des Gebiets der Alexander-Insel. Eine eindeutige Klärung dieser strittigen Fragen ist noch nicht möglich. Eventuell ist ein Wandern der Faltung von innen nach außen zu erwägen. Mit der Hauptfaltung der Antarktischen Halbinsel war eine Metamorphose verbunden, deren Intensität teilweise die Grünschieferfazies erreichte (KAMENEV u. a.).
Wichtige neue Erkenntnisse betrafen die tektonische Entwicklung nach der Hauptfaltung mit weit verbreiteten magmatischen Prozessen. Interessant ist die Zusammenstellung von SAUNDERS u. a. über die Bedeutung des kalkalkalischen Plutonismus, der auf der Ostflanke der Antarktischen Halbinsel vor 170 Mill. Jahren begann, sich von dort nach W verlagerte (100 Mill. Jahre), um dann nach N zu wandern (50 Mill. Jahre). Die Auswirkungen des Plutonismus werden ebenso wie der von FARRAR beleuchtete Vulkanismus auf Subduktion einer südpazifischen Platte unter den antarktischen Kontinent bezogen.

Westantarktika und Transantarktisches Gebirge

Ein geschlossenes Aufschlußgebiet des antarktischen Kontinents stellt das Transantarktische Gebirge besonders im Bereich der Ross-See dar. Dank der recht guten Zugänglichkeit liegen hier schon sehr detaillierte Untersuchungsergebnisse vor. In strukturgeologischer Hinsicht herrscht historisch bedingter Stockwerksbau vor. Das Präkambrium besteht ebenso wie auf der Ostantarktischen Tafel aus zwei Strukturetagen, wobei die obere mit jungriphäischen Grauwackenserien eine besonders weite Verbreitung aufweist. Bisher wurden diese jungriphäischen Serien auf die Ross-Geosynklinale bezogen, die erst nach dem Unteren Ordovizium während der Ross-Tektogenese gefaltet wurden. Nach und nach hat sich jetzt aber herausgestellt, daß im Transantarktischen Gebirge das Kambrium den riphäischen Grauwackenfolgen diskordant aufliegt. Somit sind nach dem heutigen Kenntnisstand im Transantarktischen Gebirge mindestens vier durch Diskordanzen getrennte Strukturstockwerke auszuscheiden. In den Pensacola Mts. deutet sich zusätzlich noch eine Diskordanz innerhalb der Beacon-Supergruppe (Devon bis Jura) an:

T—J P D—C	Beacon-Supergruppe	Sedimente, gefaltet bis ungefaltet, in die sich im Jura die Dufek-Intrusion einschob	durch schwache Diskordanzen (Untertrias und Jungpaläozoikum) in sich gegliedert
O			Ross-Tektogenese
Cm	Ross-Gruppe	meist Karbonate, die geschiefert sind	
			Beardmore-Tektogenese
PR	Beardmore-Gruppe	meist Grauwacken, die phyllitisiert sind	
			Nimrod-Tektogenese
A—Pt	Metamorphe Komplexe	Metamorphite der Amphibolitfazies, Migmatite	

Diese strukturelle Gliederung ist aber keineswegs allgemein anerkannt. Neben terminologisch bedingten Unstimmigkeiten geht es auch um genauere absolute Altersdatierungen der Tektogenesen. Durch ADAMS u. a. wird anhand zahlreicher physikalischer Altersbestimmungen, deren Auswertung kritisch vorgenommen wurde, wegen Fehlens entsprechender Alterszahlen die Existenz der Nimrod-Tektogenese angezweifelt. Dagegen werden die Ross-Tektogenese und ein jungpaläozoisches Ereignis bestätigt. Aber hier besteht eine Diskrepanz zwischen geologischen und physikalischen Datierungen, denn die Robertson-Bay-Gruppe des Jungpräkambriums, die während der Beardmore-Tektogenese gefaltet wurde, ist mit Alterszahlen von 480 Mill. Jahren belegt. Die Ursachen für die unterschiedlichen Auffassungen der Grenzziehung zwischen den Strukturetagen sind: Fossilarmut (nur Kambrium und Wendium nachgewiesen, wie COOPER u. a. berichteten), Ausbildung von Störungen an den Grenzen der Strukturstockwerke, unkritische Übernahme absoluter Altersdatierungen, die neben dem Metamorphose- auch das Abkühlungsalter anzeigen.
Auffällig ist bei Interpretationen mehrfach deformierter Gesteinsserien die großzügige Zuordnung der verschieden alten Falten zu verschiedenen Tektogenesen (z. B. LAIRD u. a., WODZICKI u. a., SKINNER), ohne daß dies belegt werden kann.
Während das Transantarktische Gebirge durch komplizierten Stockwerksbau ausgezeichnet ist, wurde bisher die präkambrische bis triassische Abfolge in den Ellsworth Mts. als kontinuierlich und frei von Diskordanzen angesehen. Nach HJELLE u. a. verbirgt sich aber unter dem mächtigen Permkonglomerat infolge von Unterschieden in Faltungsstil und Faltungsintensität eine Diskordanz, die auf jungpaläozoische Bewegungen hinweist. Sollte es sich hierbei um Auswirkungen einer Hauptfaltung handeln, hätte das weitreichende Konsequenzen für paläotektonische Rekonstruktionen.
BENTLEY u. a. interpretierten die Ergebnisse gravimetrischer und seismischer Messungen im Gebiet des Ross-Schelfeises und Westantarktikas. Danach ist die Topographie des Meeresbodens maßgeblich durch die tektonische Struktur und nicht durch die Vereisung bestimmt. Weite Gebiete Westantarktikas befinden sich in isostatischem Gleichgewicht. Sechs signifikante Anomalien werden auf unkompensierte Krustenverdünnungen bzw. -verdickungen sowie auf Rißbildung und ein Zurückweichen des Eises in Verbindung mit unbekannten tektonischen Ursachen zurückgeführt.

Ostantarktische Tafel

Trotz deutlicher Verlagerung der Interessen bei geologischen Untersuchungen von Ost- nach Westantarktika spielten Ergebnisse über die Ostantarktische Tafel noch eine deutliche Rolle, insbesondere auf Grund der Aktivitäten sowjetischer Antarktisexpeditionen. Hauptuntersuchungsobjekt waren die Prince-Charles-Mts., in denen Gesteinsbestand, Strukturbau und Entwicklungsgeschichte unter besonderer Berücksichtigung des Stockwerkbaus von RAVIČ u. a. sowie GREW und TINGEY analysiert wurden. Eine deutliche Gliederung in drei Strukturstockwerke hat sich herausgeschält: 20 km mächtiges granulitfazielles Archaikum; 7 km mächtiges Proterozoikum der Grünschiefer-, teilweise auch hochdruckbetonten Amphibolitfazies (mit Staurolith, Disthen und Sillimanit) mit eingelagerten Jaspiliten und bis max. 400 m mächtigen Eisenerzen, die aeromagnetisch auf eine Entfernung von 120 km verfolgt werden konnten; 1300 m mächtige Sedimente der Beacon-Supergruppe (vorwiegend Perm), in die kretazische Gänge und Sills ultrabasischer Lamprophyre intrudierten. Tiefenseismische Sondierungen erbrachten den Nachweis eines starken Anstiegs der Mohorovičić-Diskontinuität von 35 km auf 22 km unter dem Amery-Graben. Die faltentektonische Deformation des Proterozoikums ist durch Bewegungen der archaischen Grundgebirgsblöcke bestimmt und unterliegt deswegen keinem einheitlichen Trend. Der Vergleich mit einem Aulakogen bietet sich an.
Das Alter der Kratonisierung des Ostantarktischen Schilds ist nach RAVIČ mittelproterozoisch (vor ca. 1700 Mill. Jahren). Aber nachträgliche Beanspruchungen sind so stark, daß physikalische Altersbestimmungen vorwiegend Altpaläozoikum anzeigen. Rätselhaft bleiben in diesem Zusammenhang die Verhältnisse im westlichen Königin-Maud-Land, wo die Alterszahlen des metamorphen Grundgebirges bei 450 Mill. Jahren liegen, während die diskordant aufliegenden riphäischen Gesteine mit Intrusivkörpern bis 1700 Mill. Jahre alt werden.
Wenn auch in verschiedenen Fragen, wie z. B. die Gliederung des Präkambriums in dem Prinz-Charles-Gebirge, noch Auffassungsunterschiede bestehen, zählt der von RAVIČ vorgelegte Entwurf einer Karte für den gesamten antarktischen Kontinent zu den wichtigsten Ergebnissen des Symposiums. Die aeromagnetischen Vermessungen und seismischen Tiefensondierungen der sowjetischen Antarktisexpeditionen in den Küstengebieten Ostantarktikas vom Königin-Maud-Land bis zum Lambert-Gletscher haben eine erste Auskunft über die Struktur der Erdkruste ermöglicht (KURININ u. a.). Sie ist typisch kontinental mit einer Dicke von 30 bis 40 km. Die „Granit"-Schicht ist etwa 20 km mächtig. Ihre Dichte ist mit 2,9 g cm^{-3} anomal hoch. Dies ist auf den nahezu mafischen Charakter der Gesteine des kristallinen Grundgebirges zurückzuführen. Der mehr

als 5 km tiefe Graben unter dem Lambert-Gletscher wurde als Riftstruktur erkannt, die möglicherweise als Inhomogenität der Kruste der Anlage nach bereits im Archaikum/Proterozoikum vorhanden war. Eine Komplexinterpretation gravimetrischer und magnetischer Messungen wurden von DECLEIR u. a. für den Jutulstraumen im westlichen Königin-Maud-Land vorgelegt.

Gondwana und Kontinentdrift

Der Fragenkomplex Gondwana nahm insbesondere aus plattentektonischer Sicht breiten Raum ein. Einem Überblick durch CRADDOCK schlossen sich zahlreiche Vorträge an, deren Inhalt sich an Stockwerksbau, Verbreitung jungpaläozoischer Tillite, Faunenprovinzen, Fortbau der tektonischen Einheiten, Lage der streifenförmigen Magnetanomalien unter dem Südpolarmeer und besonders auch an paläomagnetisch bestimmten Pollagen orientierte. Insgesamt sind Rekonstruktionen von Gondwana relativ einheitlich. Aber im Detail bleiben viele Fragen offen. Während RAVIČ z. B. die Fortsetzung der antarktischen Rossiden in den australischen Adelaiden sieht, wird dies von GRINDLEY u. a. abgelehnt. Die ehemalige Lage Indiens zu Antarktika konnten HOFMANN u. a. recht genau durch Vergleich der geologischen Strukturen beider Gebiete bestimmen (vgl. Z. geol. Wiss., 5, 11/12, 1319–1336, Berlin 1977). COOPER u. a. zeigten, daß eine enge geologische Beziehung zwischen Neuseeland und dem Marie-Byrd-Land bestanden hat; die Abtrennung erfolgte in der Oberkreide.

Marine Untersuchungen

Entsprechend dem Charakter der internationalen Antarktisforschung gehörten auch geologische und geophysikalische Untersuchungen in den umgebenden Meeresgebieten zum Themenkreis des Symposiums. Besondere Erwähnung verdienen die geologischen Arbeiten im Bereich von Plattengrenzen auf den Crozet-, Saint Paul- und Amsterdam-Inseln durch LAMERYRE und NOUGIER sowie geochemische Untersuchungen auf den Bouvet-Inseln durch PRESTVIK. Eine norwegische Expedition hat im Gebiet der östlichen Weddell-See 1976/77 seismische Reflexionsmessungen sowie seismoakustische und magnetische Profilmessungen durchgeführt, die durch Unterwasserphotographien und Entnahme von Bodenproben ergänzt wurden (FOSSUM u. a.).
Zahlreiche Vorträge galten sedimentologischen, paläontologischen und geochemischen Untersuchungsergebnissen. Einige standen in direkter Beziehung zu den ausgedehnten Untersuchungen zum Studium des Meeresbodens im Bereich des Südantillenbogens (z. B. BARKER u. a.; SAUNDERS u. a.; LABRECQUE u. a.). Aus Bohrkernen vom Falkland-Plateau wurde die Entwicklungsgeschichte des südwestatlantischen Beckens seit dem Jura abgeleitet, wobei die Öffnung der Drake-Passage und die Einstellung der zirkumpolaren Strömung im Miozän zu tiefgreifenden Änderungen der Sedimentation führte (WISE u. a.).
Die Wechselwirkung des Sedimentationscharakters und der Vereisung des Kontinents in der langzeitigen Entwicklung des südlichen Ozeans wurde von HUANG u. a. untersucht.

Sonstige Probleme

Das weitgefächerte Spektrum des Symposiums umfaßte weiterhin bodenkundliche und hydrologische Arbeiten. UGOLINI u. a. konnten zeigen, daß auch unter den gegenwärtig trocken-kalten Bedingungen Antarktikas Wasser an Kristalloberflächen zu hydrolytischen Verwitterungsprozessen führt.
Ein interessanter Beitrag von NAGATA betraf die Suche nach Meteoriten in Antarktika. In Blaueisgebieten, die durch größere Ablation gekennzeichnet sind, treten die in längeren Zeiten in Akkumulationsgebiete gefallenen Meteoriten zu Tage. Nahe dem Yamato-Gebirge wurden von 1969 bis 1975 fast 1000 Meteoriten gefunden. Sie bieten hinsichtlich Masse und Zusammensetzung ein repräsentatives Abbild für die Verhältnisse auf der ganzen Erde. Die Funde haben wegen der praktisch auszuschließenden terrigenen Verunreinigung besondere Bedeutung für geochemische Untersuchungen. Inzwischen sind daraufhin weitere erfolgreiche Suchaktionen erfolgt.
Mit Hilfe von Aufnahmen der Satelliten Landsat 1 und 2 wurden für 14 Gebiete Antarktikas Photomosaiks mit Erklärungen (1:1 Mill.) zur geomorphologischen Interpretation vorgelegt. Eine geologische Karte (1:2,5 Mill.) wird davon abgeleitet.

3. Sitzungen der SCAR-Arbeitsgruppen für Geologie und für Geophysik der festen Erde

Während und nach Abschluß des Symposiums fanden Sitzungen der SCAR-Arbeitsgruppen für Geologie und Geophysik der festen Erde statt. Auf ihnen wurde der aktuelle Stand der Antarktisforschung auf den betreffenden Gebieten eingeschätzt, Informationen über die Forschungstätigkeit in den letzten Jahren und über geplante Vorhaben ausgetauscht sowie der Erfüllungsstand früher verabschiedeter Empfehlungen erörtert.
Der Arbeitsgruppe für Geologie lag eine Studie „Vorläufige Einschätzung der Umweltbeeinflussung durch Erkundung und Gewinnung von mineralischen Rohstoffen in der Antarktis" vor, die von einer ad-hoc-Gruppe des SCAR als Grundlagenmaterial für das 9. Konsultativtreffen zum Antarktisvertrag (London, Sept. 1977) erarbeitet worden war. Unter Hinweis darauf, daß zahlreiche Fragen der Geologie der Antarktis noch ungelöst seien, kam es zu keiner inhaltlichen Stellungnahme. Es seien 5 bis 10 Jahre systematischer wissenschaftlicher Forschung notwendig, ehe die entsprechenden Auswirkungen auf die Umwelt abgeschätzt werden können.
Im Rahmen der Kommission für die geologische Weltkarte sind die Entwürfe der geologischen, tektonischen und metamorphen Karte Antarktikas (1:5 Mill. oder 1:10 Mill.) unter Leitung von RAVIČ, CRADDOCK sowie GRIKUROW fertiggestellt bzw. werden 1978 vorliegen; sie sollen international zur Annahme vorgelegt werden. Im Rahmen des Projekts Zirkumpazifische Karte sind u. a. Höffigkeitskarten für mineralische Rohstoffe und Kohlenwasserstoffe in Antarktika vorgesehen. Unter der Verantwortung von Australien wird die Veröffentlichung eines antarktischen stratigraphischen Lexikons vorbereitet.
Auf den Beratungen der SCAR-Arbeitsgruppe für Geophysik der festen Erde wurde ersichtlich, daß von allen Seiten modernste Meß- und Datenverarbeitungstechnik eingesetzt wird. So findet die digitale Magnetbandaufzeichnung für erdmagnetische und seismische Registrierungen immer mehr Eingang, z. T. mit Computerauswertung an Ort und Stelle. Es wurde die Verwendung geodätischer Satelliten für genaue Höhenbestimmungen und der Einsatz von Absolutgravimetern für Schweremessungen empfohlen. Wärmestrommessungen sollen in größerer Zahl als bisher durchgeführt werden. Erste Entwürfe geomagnetischer Karten der Antarktis wurden vom Geographischen Vermessungsinstitut Japans vorgelegt; eine Schwerekarte Antarktikas befindet sich am Astronomischen-Sternberg-Institut Moskau im abschließenden Stadium der Vorbereitung.
Als künftige Aufgaben für die geologische und geophysikalische Forschung in der Antarktis waren auf Grund der Diskussionen u. a. zu erkennen:

- Untersuchung der känozoischen Entwicklung einschließlich Sedimentation und Vereisung;
- Forschungen zur marinen Geologie und Geophysik einschließlich des Kontinentalschelfs;
- Untersuchung der Lithosphäre im Übergangsbereich zwischen West- und Ostantarktika durch seismische Tiefensondierungen, Analyse der Ausbreitung seismischer Oberflächenwellen und Messungen auf langen Refraktionsprofilen (speziell sollen die internationalen Aktivitäten im Nord-Viktoria-Land verstärkt werden);
- Untersuchung von Gefüge und Kleintektonik zur Deutung von metamorphen Prozessen;
- Geochemie seltener Elemente im Zusammenhang mit Magmenbewegungen und der Lagerstättenbildung;
- Klärung der unterschiedlichen Auffassungen über die Geologie des frühen Präkambriums des Prinz-Charles-Gebirges.

In einer gemeinsamen Erklärung haben die beiden SCAR-Arbeitsgruppen unterstrichen, daß angesichts der grundsätzlichen Bedeutung der geologischen und geophysikalischen Erkundung der Antarktis mit dem Ziel der Nutzbarmachung ihres ökonomischen Potentials eine fortdauernde Notwendigkeit zur fundamentalen wissenschaftlichen Forschungen in diesem Gebiet besteht.
Die Materialien des Symposiums spiegeln den aktuellsten Stand der geologisch-geophysikalischen Forschungen in der Antarktis wider. Die Beiträge sollen vom Veranstalter in einem Sammelband veröffentlicht werden. Von den meisten Vorträgen stehen Vorabdrucke im Zentralinstitut für Physik der Erde der AdW der DDR zur Einsichtnahme zur Verfügung.

Buchbesprechungen

Pożaryski, W. (Hrsg.)

Geology of Poland, Vol. IV Tectonics

Warschau: Verlag Wydawnictwa Geologiczne 1977. 718 S., 280 Abb.

Die Volksrepublik Polen nimmt als einziges europäisches Land insofern eine zentrale und zugleich vermittelnde Stellung ein, als hier die drei tektonischen Großeinheiten des Kontinents zusammentreffen: die „alte" Osteuropäische Tafel im Norden, die Paläozoiden im Zentralteil und die junge, alpidische Faltenzone im Süden. Detaillierte Untersuchungen in den Karpaten, in den Gory Swiętokrzyskie, im Kohlenbecken von Gorny Śląsk und in den Sudeten sowie die seit Mitte der 50er Jahre intensivierte Bohrtätigkeit und geophysikalische Vermessung im Polnischen Tiefland haben das tektonische Bild verfeinert und zugleich abgerundet. Der Bau der südlichen, gebirgigen Randgebiete wie auch der der verdeckten Osteuropäischen Tafel sind zumindest in den Grundzügen geklärt. Für den präpermischen Untergrund des Zwischengebiets, speziell den Verlauf der Kaledoniden und Varisziden, haben vor allem W. Pożaryski und J. Znosko unterschiedliche Interpretationen gegeben. Hier findet die Auffassung des erstgenannten Autors Berücksichtigung.
Der von M. Książkiewicz, J. Oberc und W. Pożaryski zusammengestellte Band 4 der „Geologie von Polen" ist die englische Version des von zahlreichen Autoren verfaßten dreiteiligen Werks in polnischer Sprache, berücksichtigt allerdings bereits neuere Daten. Während für die Sudeten und die Karpaten eine Synthese der Tektonik bereits vorgenommen worden war (Bände 2 und 3 der „Geologie von Polen"), werden hier zum erstenmal auch die tektonischen Verhältnisse des Tieflands zusammenfassend interpretiert. Einleitende Abschnitte beinhalten einen historischen Überblick über die Ansichten zur Tektonik Polens, die tektonische Stellung Polens im Bauplan Europas und die tektonische Rayonierung des Staatsgebiets. Der Hauptteil ist insgesamt historisch gegliedert: das kristalline Basement der epigothidischen Tafel, die Bildung der Osteuropäischen Tafel, die baikalische Epoche, die kaledonische und die variszische Epoche, die alpidische Epoche. In diesem Rahmen werden die tektonischen Einheiten und Subeinheiten behandelt.
Das Werk gibt mit zahlreichen instruktiven Abbildungen (teilweise Faltkarten) einen umfassenden Überblick über den Bau und die tektonische Entwicklung des polnischen Territoriums.

G. Katzung

Tollmann, A.

Der Bau der Nördlichen Kalkalpen

Wien: Franz Deutike 1976, 449 S., 130 Abb., 7 Taf. im Anhang, DM 200,—

Nach den „Grundprinzipien der alpinen Deckentektonik" und der „Analyse des klassischen nordalpinen Mesozoikums" liegt mit dem „Bau der Nördlichen Kalkalpen" nunmehr auch der dritte und abschließende Band von A. Tollmanns Monographie der Nördlichen Kalkalpen vor. In Auswertung der in den letzten Jahrzehnten erschienenen Spezialliteratur sowie unter Berücksichtigung eigener, in langjähriger Forschungsarbeit erzielter Ergebnisse wurde damit erstmals ein umfassendes Werk über den kalkalpinen Bau geschaffen, das nicht nur im Hinblick auf die Fülle des verarbeiteten Stoffs, sondern auch in Bezug auf die Qualität der Darstellung beispielgebend für die Alpengeologie insgesamt sein dürfte. Gerade für den Nicht-Alpengeologen sind diese zusammenfassenden Werke unentbehrlich, stellen sie doch Einführung, regionale Beschreibung, Problemdiskussion und Synthese zugleich dar.
Im Kap. 1 geht der Autor auf die Erforschungsgeschichte des Kalkalpenbaues ein, wobei insbesondere — in chronologischer Reihenfolge — die Gliederung der alpinen Trias (im vorigen Jahrhundert), die Einführung und Anwendung der Deckenlehre (zu Beginn dieses Jahrhunderts) sowie der verstärkte Einsatz moderner mikroskopischer Untersuchungsmethoden (in der Jetztzeit) als Marksteine der Entwicklung herausgestellt werden. Im folgenden 2. Kap. werden die Stellung der Kalkalpen im großen Rahmen des alpin-karpatischen Gebirgssystems, ihre ursprüngliche Position und ihre heutige allochthone Lage — unter Hinweis auf neue, durch Tiefbohraufschlüsse erhaltene eindeutige Beweismaterialien — erläutert. Den größten Umfang des Werks nimmt verständlicherweise die regionale Beschreibung ein (Kap. 3: Regionale tektonische Gliederung der Kalkalpen). Von einem Überblick über den Baustil der einzelnen großtektonischen Einheiten ausgehend, werden im Detail, durch zahlreiche Fotos, Kartenskizzen und Profile ergänzt, die strukturellen Verhältnisse innerhalb der verschiedenen Teilbereiche (West- und Ostabschnitt der Kalkalpen, Juvavikum) behandelt. Als Anlage, zugleich aber auch als Grundlage der Arbeit, ist in einem separaten Tafelband neben einer Serie von Profilschnitten die tektonische Karte des gesamten Nordkalkalpenraums im Maßstab 1:100000 enthalten.

D. Franke

Čermak, V.; Hurtig, E.

Preliminary heat flow map of Europe 1:5000000

Praha: 1977, Explanatory text, Potsdam: 1977, 58 S., 8 Abb., 2 Tab., 401 Lit.

Die vorläufige Wärmeflußkarte Europas wurde auf der Grundlage von 2605 Wärmestromdaten erarbeitet und ist ein bedeutender Beitrag im Rahmen der Aktivitäten der IASPEI-IUGG-IHFC (International Heat Flow Commission). Als Kartengrundlage diente die vereinfachte „International Tectonic Map of Europe (1:2500000)".
Die Karte dokumentiert den in den letzten 10 bis 15 Jahren erreichten Fortschritt auf dem Gebiet der Wärmestromdichtemessungen. Die Verteilung der Meßwerte ist gebietsweise noch sehr inhomogen. So sind in Irland, Spanien, Portugal, Jugoslawien und Griechenland keine bzw. nur sehr wenige Wärmestromdaten bekannt. Gleiches gilt für die Ostsee und den östlichen Nordatlantik. Die größte Konzentration von Wärmeflußdaten liegt in Mitteleuropa vor (BRD, DDR, ČSSR, Österreich, VRP).
Der Mittelwert des terrestrischen Wärmeflusses wurde aus 2161 Landmessungen errechnet: $62{,}1 \pm 28{,}6\ mWm^{-2}$ $1 mWm^{-2} = 0{,}0238\ \mu calcm^{-2}\,s^{-1}$). Die 444 Daten aus wasserbedeckten Gebieten haben für die Europakarte lediglich ergänzenden Charakter. Die Wärmeflußdaten sind im Textteil durch Quellenangaben belegt und länderweise kommentiert. In der Karte wurden Isolinien im Abstand von $10\ mWm^{-2}$ konstruiert. Die Wärmeflußverteilung ist danach durch regional niedrige Werte in Nord- und Osteuropa ($30-40\ mWm^{-2}$) gekennzeichnet sowie durch normale und hohe Werte in West-, Zentral-, Süd- und Südosteuropa, deren Verteilung im Einzelnen diskutiert wurde.
Eine Trendanalyse 1. Ordnung, die Auskunft über die globale Komponente des Wärmeflusses gibt, weist von Ost nach West einen generellen Anstieg des Wärmestromfeldes aus; die Trendanalyse 6. Ordnung, die ein Abbild der großregionalen Verteilung der Hauptanomalien vermittelt, ergibt zwei kräftige Wärmestrommaxima (Island/Südfrankreich und Tyrrhenisches Meer) und ein Minimum für den Raum Helsinki—Leningrad—Moskau.
Die tektonischen und geophysikalischen Zusammenhänge (global, regional und lokal) mit dem terrestrischen Wärmestromfeld sind im Textteil in den Grundzügen herausgearbeitet. Die vorläufige Wärmeflußkarte Europas ist Arbeitsgrundlage für die 1979 angekündigte Wärmeflußkarte Europas.

P. Kühn

Faure, G.

Principles of isotope Geology

Chichester (England): John Wiley & Sons 1977. 464 S., zahlr. Abb., $ 24,25
ISBN 0-47-25665-X

G. Faure wendet sich mit seinem Buch in erster Linie an Geologen. Fragen der Auswertung isotopenchemischer Untersuchungen an geologischen Proben stehen im Mittelpunkt dieses auch pädagogisch versiert geschriebenen Lehrbuchs. Der Autor stellt den Stoff in 21 Kap. dar. Der Leser kann sein gewonnenes Verständnis stets prüfen, indem er die Fragen, die am Schluß der einzelnen Kap. stehen, beantwortet. Weiterführende Literaturangaben (bis 1975) sind in genügendem Umfang enthalten, darunter auch einige, die den Leser aus dem angelsächsischem Sprachraum an Ergebnisse der Sowjetwissenschaft auf diesem Gebiet heranführen. Der Schwerpunkt des Buchs liegt auf der Behandlung von radioaktiv entstandenen Isotopenvarianten, d. h. vor allem auf der kernphysikalischen Geochronologie (Rb—Sr, Sr/Sr, K—Ar, Ar/Ar, Re—Os, Lu—Hf, K—Ca, U—Th—Pb, Pb/Pb, U—Xe, C). Die geochronologische Zeitskala ist u. a. in der von ARMSTRONG & DOWELL 1974 vorgeschlagenen Form enthalten. Die Berechnung von Rb—Sr-Altern wird anhand eines EDVA-Rechenprogramms erläutert. Auf Tritium und ähnliche Methoden wird nicht näher eingegangen. In 4 Kap. behandelt der Autor Variationen der leichten Isotope O, H, C und S. Ein Kap. ist der Geschichte der Isotopengeologie gewidmet.

T. KAEMMEL

BARSKIJ, L. A.; DANILSCHENKO, L. M.

Aufbereitbarkeit mineralischer Komplexe (russ.)

Moskau: Nedra 1977. 240 S., 26 Tab., 223 Lit.

Das Buch enthält in Form eines Nachschlagewerks einige physikalische, chemische und Oberflächeneigenschaften von Industriemineralen und Erzen, die die Grundlage für Aufbereitungsprozesse darstellen. Es ist in 6 Kap. gegliedert:

1. Prinzipien der Zusammenstellung des technologischen Schemas der Bearbeitung mineralischer Rohstoffe (12 S.)
2. Minerale nutzbarer Lagerstätten und ihre physikalischen Eigenschaften (16 S.)
3. Chemische Eigenschaften der Minerale, die Einfluß auf die Aufbereitbarkeit haben (12 S.)
4. Flotationseigenschaften der Minerale (65 S.)
5. Geologisch-mineralogische Charakteristik und Aufbereitbarkeit der Erze (27 S.)
6. Bestehende Analysen und Synthese neuer Aufbereitungsprozesse (106 S.)

Das Buch ist bestimmt für das ingenieurtechnische Personal von Aufbereitungsbetrieben, wissenschaftlichen Forschungs- und Projektierungsinstituten, aber auch für interessierte Geologen, Metallurgen und Bergleute.

H.-J. BLANKENBURG

ROBERTS, A.

Geotechnology
An Introductory Text for Students and Engineers

Oxford-New York/Toronto/Sydney/Paris/Frankfurt: Pergamon Press 1977. 347 Seiten, zahlr. Abb., $ 40,—

„Geotechnology ist angewandte Geologie im Zusammenhang mit dem Ingenieurbau", und „experimentelle Untersuchungen sind ein wesentlicher Teil jedes Zweiges der angewandten Wissenschaften". Diese thesenartigen Formulierungen am Anfang und im letzten Teil des vorliegenden Buchs stellen den Rahmen dar, in dem in sehr anschaulicher Weise (unterstützt durch Diagramme, Übersichten, Prinzipskizzen und Abbildungen) die Eigenschaften und die Untersuchungsverfahren von bzw. im Locker- und Festgebirge dargelegt werden. Dabei wird stets in übersichtlicher und leicht verständlicher Weise auf die methodischen Grundlagen eingegangen.
Der Autor stellt den geomechanisch orientierten Kap. zunächst einen Abschnitt voran, der eine Übersicht über die Einordnung der Locker- und Felsmassen gibt und die Brücke zum geologischen Ausgangsmaterial schlägt. Es folgt ein Kap., das den Beziehungen von Spannungen und Verformungen gewidmet ist. Nach Behandlung des zeitabhängigen Verhaltens und der Bruchkriterien des Gebirges werden die Festigkeits- und Durchlässigkeitseigenschaften von Fels und Lockergesteinen sowie die Ermittlung der Kennwerte unter Labor- und Feldbedingungen behandelt. Besondere Aufmerksamkeit verdienen die Abschnitte über die Untersuchung von Felsverformungen und über die gebräuchlichen Modelle in der Geotechnik. Schließlich werden im letzten Kap. einige wichtige geologische bzw. geophysikalische Kennwerte und Untersuchungs-/Auswerteverfahren behandelt; dieser Abschnitt erscheint mir gegenüber den vorangegangenen leicht „unterernährt". Für Lehrzwecke, auch zur Information des in der Praxis tätigen Ingenieurs ist das vorliegende Buch empfehlenswert.

F. REUTER

Informationen

Zweitgrößte Trinkwassertalsperre der DDR

Gegenwärtig entsteht bei Eibenstock im Erzgebirge die zweitgrößte Trinkwassertalsperre der DDR. Mit 77 Mill. m³ Fassungsvermögen wird sie die Trinkwasserversorgung von über 1 Mill. Einwohnern in 150 Städten und Gemeinden des dicht besiedelten sächsischen Industriegebiets um Karl-Marx-Stadt und Zwickau gewährleisten. Im Zusammenhang mit der Errichtung der Vorsperre Schönheiderhammer wurde das Flußbett der Zwickauer Mulde streckenweise verlegt.

Weltbauxitförderung

Bauxit weist im Durchschnitt einen Tonerdegehalt von 50% Al_2O_3 auf. Vier Tonnen Bauxit liefern zwei Tonnen Tonerde bzw. eine Tonne Metall. Der größte Produzent ist zur Zeit Australien, das fast ein Drittel der Weltproduktion an Bauxit fördert. Ihm folgen Guinea und Jamaika, deren Anteil an der Weltförderung je ein Siebentel beträgt. Die folgende Aufstellung zeigt die Abbaumengen einiger wichtiger Förderländer aus dem Jahr 1976 (in 1000 t):

Australien	24085
Guinea	11316
Jamaika	10306
UdSSR	6000
Surinam	4588
Guyana	3108
Ungarn	2916
Griechenland	2747
Frankreich	2315
Jugoslawien	2033

Insgesamt wurden 1976 in der Welt etwa 78 Mill. t Bauxit gefördert.

Energieprobleme in Australien

Da die derzeit erschlossenen Erdöl- und Erdgaslagerstätten Australiens in absehbarer Zeit abgebaut sein werden, beschäftigt man sich mit dem Problem der Gewinnung von Öl

aus Braunkohle. Die Energiekrise hat die Arbeiten an diesem Projekt beschleunigt. Der Staat Viktoria, einer der industrialisiertesten Staaten Australiens, benötigt zur Zeit 200000 Barrel Erdöl pro Tag. 60 Mill. t Braunkohle, in einem Jahr in zwei Verflüssigungsanlagen verarbeitet, könnten den Bedarf dieses Teils Australiens an Öl auf lange Sicht decken. Allerdings würde das Braunkohlenöl etwa doppelt so teuer sein wie Erdöl.
Neben Steinkohle mit 200 Mrd. t Gesamtvorräten gehört Braunkohle zu den bedeutendsten Rohstoffen des Landes. Die Reserven allein im Staate Viktoria belaufen sich auf 113 Mrd. t Braunkohle. Im Latrobetal lagern 65 Mrd. t unter einer Abraumdecke von weniger als 30 m Mächtigkeit. 12 Mrd. t können mit den gegenwärtigen Abbautechnologien gewonnen werden.
Die Entwicklung des Kohleabbaus zeigt folgende Aufstellung (in Mill. t):

	1965	1970	1973	1974	1975	1976
Steinkohle	31,9	50,7	56,4	63,6	66,2	68,0
Braunkohle	20,9	24,2	24,1	26,0	27,5	30,0

Hauptabnehmer der Steinkohle ist Japan (1974: 82,5%)

Bodenschätze in der Republik Gabun

Reiche Erdölvorkommen auf dem Festland und im Schelfgebiet Gabuns bilden die derzeit wichtigste wirtschaftliche Grundlage des Landes. Im tropischen Afrika steht Gabun mit einer Fördermenge von 11,3 Mill. t Erdöl (1976) an zweiter Stelle hinter Nigeria. Die Erdölvorkommen reichen nach Berechnungen noch bis in die Mitte der achtziger Jahre. Das größte liegt südlich von Port Gentil. Such- und Erkundungsarbeiten sind auf die Erweiterung der Vorratsbasis gerichtet, vor allem über den Nachweis neuer Lagerstätten im Schelfgebiet.
Neben Erdöl lagern im Südosten des Landes große Manganerzvorkommen, deren Umfang auf 200 Mill. t geschätzt wird. Das Land nimmt in der Manganerzproduktion die dritte Stelle in der kapitalistischen Welt ein. Die Jahresproduktion liegt bei 2,3 Mill. t. Ab 1980 sollen 2,8 Mill. t und Ende der 80er Jahre 4 bis 4,5 Mill. t Manganerz jährlich gefördert werden. Außerdem werden im Südosten des Landes, in Okla bei Mounana, Uranerzvorkommen abgebaut. Hier förderte man 1975 17000 t Uranerz, 1978 soll die Fördermenge 240000 t erreichen.

Aus dem Norden des Landes sind Eisenerzvorkommen bekannt, deren Fe-Gehalt bei 65% liegt. Die Vorräte werden mit etwa 1 Mrd. t angegeben.
Für den Ausbau der Produktion und die Erschließung der Lagerstätten bildet der Bau der Transgabonais, der ersten Eisenbahnstrecke des Landes, eine entscheidende Voraussetzung.

Bewässerungsprojekte in der Syrischen AR

Große Aufmerksamkeit schenkt man in der SAR der Anlage umfangreicher Bewässerungssysteme für die Entwicklung der landwirtschaftlichen Produktion. Im Zeitraum 1971–1975 entstanden im Lande etwa 40 kleine und mittlere Staudämme zu diesem Zweck. Bis 1980 werden weitere 35 errichtet werden. Gegenwärtig befindet sich in der syrischen Küstenregion bei Lattakio der zweitgrößte Staudamm des Landes im Bau. Die Staumauer, welche den Kebirfluß zu einem Stausee mit einem Fassungsvermögen von 210 Mill. m³ anstaut, wird 53 m hoch und 812 m lang sein. Die Fertigstellung des Bauwerks, das mit sowjetischer Hilfe errichtet wird, ist für 1982 vorgesehen. 14000 ha landwirtschaftlicher Nutzfläche können dann bewässert werden.

Wissenschaftliches Seminar

Am 20. und 21. 9. 1979 findet an der Bergakademie Freiberg in Zusammenarbeit mit der wissenschaftlichen Sektion Bergbau in der Montanwissenschaftlichen Gesellschaft der DDR in der Kammer der Technik und dem Fachbereich Mineralogie/Geochemie der Gesellschaft für Geologische Wissenschaften der DDR ein wissenschaftliches Seminar mit internationaler Beteiligung zu folgender Thematik statt:

„Bewertung von Lagerstätten mineralischer Rohstoffe als Entscheidungsgrundlage im Bergbau".

Das Seminar wird sich mit Problemen zur Ermittlung der volkswirtschaftlichen Bedeutung von Lagerstätten mineralischer Rohstoffe als Grundlage für die Vorbereitung von Entscheidungen zu ihrer Nutzung befassen und soll die Zusammenarbeit von Geowissenschaftlern, Technikern und Wirtschaftswissenschaftlern vertiefen.

Kurznachrichten

Mehr als 120 **Erdöl- und Erdgaslagerstätten** sind derzeit innerhalb der westsibirischen Erdöl-Erdgas-Provinz bekannt (**UdSSR**). Jede der bereits erkundeten Lagerstätten beinhaltet Vorräte von über 1 Bill. m³ Erdgas. Die Erdgaslagerstätte von Urengoj stellt dabei mit 2,5 Bill. m³ Erdgasvorräten die größte zusammenhängende Akkumulation natürlichen Erdgases der Welt dar.
Nach Schätzungen der Mobil Oil AG liegen die **Erdgasreserven** der **BRD** um 50% höher als bisher angenommen. Durch aufwendige Such- und Erkundungsarbeiten könne mit einer Erschließbarkeit von 310 Mrd. m³ Erdgas gerechnet werden. Insgesamt würden die Vorräte bei Beibehaltung der derzeitigen Jahresförderung von etwa 18 Mrd. m³ noch 34 Jahre ausreichen.
Im Golf von Guinea, 30 km östlich der Hauptstadt Abidjan (**Republik Elfenbeinküste**), sind **Erdölvorkommen** in einer Größe von 75 Mill. t entdeckt worden. Ab 1980 wird hier mit einer jährlichen Anfangsproduktion von 400000 t gerechnet.
Chinas Erdölreserven werden auf 30 bis 50 Mrd. t geschätzt. Sie befinden sich vorwiegend im Nordosten und Westen des Landes. 1977 wurden etwa 100 Mill. t gefördert. Das Öl ist von hoher Viskosität, stark wachshaltig und schwefelreich. Die Förderung soll im Jahre 1980 140 Mill. t erreichen. Neue Vorkommen werden im Schelfbereich erwartet.
Im Lubliner Steinkohlenbecken (**VR Polen**) liegen ungefähr 40 Mrd. t **Kohle**. Mit der Förderung wird hier bis Ende 1980 begonnen werden. Es ist geplant, 1990 16 Mill. t und bis 1995 24 Mill. t Kesselkohle zu gewinnen.
2/3 der bekannten **Eisenerzvorräte** des **Iran** liegen im Gebiet von Bafq. Im Tagebau Tschogart bei Bafq befindet sich die derzeit größte in Abbau befindliche Lagerstätte mit 1 Mill./t Jahresförderung. Der durchschnittliche Eisengehalt beträgt hier 62%. Infolge des mit der Teufe zunehmenden Phosphorgehalts muß selektiver Abbau betrieben werden.
Die sicheren **Manganerzreserven Brasiliens** werden mit 142 Mill. t angegeben. Davon entfallen 11 Mill. t auf Minas Geras, 32 Mill. t auf Anapa, 69 Mill. t auf Matogrosso und 8,5 Mill. t auf Bahia. Der Ausbau der Produktion soll bis 1980 auf etwa 770000 t/a, vor allem in Minas Geras, erfolgen.
Die Produktion der **UdSSR** an **Kupfer** und **Nickel** wird bis 1980 um 20 bis 30%, die von **Titan** um 40% ansteigen. Schwerpunkt

der Entwicklung der Rohstoffbasis für die sowjetische Nichteisenmetallindustrie sind die reichen Lagerstätten von Norilsk. Die Nickelproduktion stieg hier im 9. Fünfjahrplan um mehr als 80%, die von Kupfer um über 50%.
In der **VR Kuba** werden im Zusammenhang mit dem Auf- und Ausbau der Nickelindustrie des Landes Möglichkeiten untersucht, die lateritischen **Nickelerze** komplex zu nutzen. Sie enthalten bis zu 50% metallisches Eisen, das für die Herstellung verschiedener Stahlsorten geeignet erscheint und Basis für den Bau eines schwarzmetallurgischen Kombinats sein kann.
Seit 1971 wird mit Hilfe moderner Aufbereitungstechnik der **Flußspat** der Lagerstätte Fontsante im Südosten **Frankreichs** zu hochwertigem Säurespat verarbeitet. Die Lagerstätte umfaßt 20 steil einfallende linsenartige Gänge mit etwa 500 m streichender Länge und einer Teufenerstreckung von 250 m. Die Gangmächtigkeiten schwanken zwischen 0,7 und 2 m.
Neuen Berechnungen zufolge sind in den Sandsteinen des **ungarischen** Tertiärbeckens große Wassermengen von 3500 km^3 und mit Temperaturen von 60 bis 100°C gespeichert. 200 **Thermen** dienen derzeit balneologischen, 77 landwirtschaftlichen und 10 industriellen Zwecken. 13 werden für Heizzwecke genutzt.
Vor seiner Vollendung steht der höchste **Staudamm** der Welt bei Nurek in der **Tadshikischen SSR**. Der bis zur Stärke 9 erdbebensichere elastische Schüttdamm von 300 m Höhe staut in einem 70 km langen und 250 m tiefen Stausee die Wasser des Pamirflusses Wachsch. Das Wasserkraftwerk Nurek wird 1980 2,7 Mill. KWh Energie liefern.

Berichtigung

zum Beitrag:

GRUNERT, S.: **Beitrag zur Nomenklatur und Systematik der Massenbewegungen an Hängen.** — Z. angew. Geol., **24**, 5, 230—235, Berlin 1978.

Nach Mitteilung des Autors müssen die nachfolgenden Gleichungen wie folgt lauten:

$$I_c = \frac{W_L - W_N}{W_L - W_P} \qquad (6)$$

$$q = \frac{W_L - W_N}{W_L - (W_L - W_P)} \qquad (7)$$

$$\nu = \frac{M_1}{M_2} = \frac{\Sigma(N \tan \varphi + cl)}{\Sigma T} \qquad (12)$$

Bezugsmöglichkeiten der „Zeitschrift für angewandte Geologie"
Bestellungen sind zu richten
— **in der DDR** an das Zeitungsvertriebsamt; an eine Buchhandlung oder an den Akademie-Verlag, DDR - 108 Berlin, Leipziger Straße 3—4
— **im sozialistischen Ausland** an eine Buchhandlung für fremdsprachige Literatur oder an den zuständigen Postzeitungsvertrieb
— **in der BRD und Westberlin** an eine Buchhandlung oder an die Auslieferungsstelle KUNST und WISSEN, Erich Bieber, 7 Stuttgart 1, Wilhelmstraße 4—6
— **in Österreich** an den Globus-Buchvertrieb, 1201 Wien, Höchstädtplatz 3
— **in anderen westeuropäischen Ländern** an eine Buchhandlung oder an die Auslieferungsstelle KUNST und WISSEN, Erich Bieber GmbH, Ch. - 8008 Zürich/Schweiz, Dufourstraße 51
— **im übrigen Ausland** an den Internationalen Buch- und Zeitschriftenhandel; den Buchexport, Volkseigener Außenhandelsbetrieb der Deutschen Demokratischen Republik. DDR - 701 Leipzig, Postfach 160, oder an den Akademie-Verlag, DDR - 108 Berlin, Leipziger Straße 3—4.

„Zeitschrift für angewandte Geologie"

Herausgeber: Prof. Dr. KARL SCHMIDT, Direktor des Zentralen Geologischen Instituts, Berlin, im Auftrage des Ministeriums für Geologie der Deutschen Demokratischen Republik.
Chefredakteur: Prof. Dr. sc. HANS HETZER, Zentrales Geologisches Institut, Berlin.
Anschrift der Redaktion: DDR - 1054 Berlin, Kastanienallee 69 (Fernruf 2824293/2824593).
Verlag: Akademie-Verlag, DDR - 108 Berlin, Leipziger Straße 3—4; Fernruf: 2236221 oder 2236229; Telex-Nr. 114420.
Bank: Staatsbank der DDR, Berlin Kto.-Nr. 6836-26-20712.
Veröffentlicht unter der Lizenznummer 1279 des Presseamtes beim Vorsitzenden des Ministerrates der Deutschen Demokratischen Republik. P 300/78 u. 529/78.
Gesamtherstellung: VEB Druckhaus „Maxim Gorki", DDR - 74 Altenburg.
Erscheinungsweise: Die Zeitschrift erscheint monatlich. Die 12 Hefte eines Jahres bilden einen Band. Bezugspreis je Band 144,— M zuzüglich Versandspesen (Preis für die DDR 24,— M). Bezugspreis je Heft 12,— M (Preis für die DDR 2,— M).
Bestellnummer des Heftes: 1047/24/12.
Alleinige Anzeigenannahme DEWAG-Werbung, DDR - 1054 Berlin, Wilhelm-Pieck-Str. 49, und alle DEWAG-Betriebe und Zweigstellen der Bezirke der DDR.

AN (EDV) 32138

Herausgegeben vom Zentralen Geologischen Institut Berlin im Auftrag des Ministeriums für Geologie der Deutschen Demokratischen Republik
Verlag: Akademie-Verlag, 108 Berlin, Leipziger Straße 3—4

Порстендорфер, Г.

Аномалии электрической проводимости Средней Европы по сравнению с Восточно-Европейской плиты

Z. angew. Geol., Берлин, 24 (1978) 12, стр. 499—505, 8 илл., 13 лит.

Исходия из составленной Ваниным и др. (1977г.) „кривой нормализации" специфического электрического сопротивления для Восточно-Европейской плиты проводятся сравнения с совершенно иным поведением сопротивления в среде-европейском пространстве. При этом получаются указания на ясно выраженную, хорошо проводимую астносферу и более глубокие, хорошо проводимые мантийные участки по сравнению со слабо развитой или же не существующей астносферой в области Восточно-Европейской плиты. Аномалии проводимости в областях с мощным осадочным покровом, как они показываются в предварительной карте продольной проводимости Евразии а также наблюдаются в плане геомагнетического глубинного зондирования, представляют собой области повышенной коровой подвижности на краю Восточно-Европейской плиты.

Флюгель, Х. В.

Мезо-Европа и альпийское варисцийское время

Z. angew. Geol., Берлин. 24 (1978) 12, стр. 505—510, 3 илл., 59 лит.

Исходя из описания палеозойского развития в области восточных альпов/пеннина, обсуждаются вопросы отношения между среднеевропейскими варисцидами и варисцийскими структурами альпийского пространства. При этом особенно подчеркивается значение перипеннинского линеамента и его западное продолжение как возможный разделяющий шов между обоими геотектоническими единицами (южный континентальный край Мезо-Европы). Настоящее состояние знания еще не позволяет однозначные выводы.

Антропов, П.; Евсеева, Л. С.; Полуаршинов, Г. П.

Урановые месторождения в отложениях депрессий

Z. angew. Geol., Берлин, 24 (1978) 12, стр. 510—513, 1 табл.

В статье обзорно обсуждаются генезис урана в отложениях депрессий, при чем устанавливаются закономерности при образовании урана в структурно-геологическом и геохимическом видах. Такие закономерности имеют значение при поисках и разведке. Содерженная в статье таблица показывает классификацию урановых месторождений в отложениях депрессий.

Мётцинг, Р.

Дансит в цехштейне 2

Z. angew. Geol., Берлин, 24 (1978) 12, стр. 513—518, 9 илл., 1 табл., 20 лит.

В настоящем труде впервые описываются несколько проявлений дансита из океанического солиного месторождения цехштейна 2. Преимущественно описываются макроскопические и микроскопические результаты исследования дансита из калиевых областей Унструта и Северного Гарца. Дансит является растворенно-метаморфическим продуктом из вантгоффита.

Шрэдер, Н.; Шэне, Й.

Критерии набухания и их пригодность для характеристики поведения набухания слабо метаморфических пелитов

Z. angew. Geol., Берлин, 24 (1978) 12, стр. 519—526, 19 илл., 1 табл., 18 лит.

Оценка пригодности пород для изготовления от легких добавочных веществ происходит уже десятилетия на основе эмпирически выведенных критериев набухания. Новые исследования дали возможность, критически проверять высказывание приведенных в литературе критериев набухания для оценки способности набухания слабо метаморфических пелитов. При этом указывалось, что невозможно привести химический состав этих пород со исключением содержания C_{org} для такой оценки. В какой мере можно использовать содержания CaO и MgO, без дальнейших исследований нельзя решать. Надежная оценка способности набухануя слабо метаморфических пелитов при теперещном состоянии знания возможно лишь практической побыткой набухания.

Путшер, С.

Причины в воздействия геодинамических процессов в окрестности соляной структуры Сперенберг

Z,. angew. Geol., Берлин, 24 (1978) 12, стр. 527—531, 5 илл,, 1 табл., 2 лит.

Дается краткий обзор геологическо-гидрогеологической ситуации соляной структуры Сперенберг. При этом обсуждаются как проблемы кепрока так и тех повышенной минерализации грунтовых вод. Вычисляются переведенные в раствор количества сульфата и хлорида как и подвергается критической оценкой высказывание анализов и вычисленные от них величины растворении ввиду их значение для решения инженернотехнических задач. Указывается на начинающуюся в следствие отводнения открытых горных разработок активизацию выщелачивания и связанного с этим опускания поверхности и открытых разломов в центральной и краевой областей соляной структуры. Выщелачивание рассматривается как комбинация суброзивных явлений в сульфатных и хлоридных породах.

Фогт, Х.-Д.

Влияние начального препятствия течения на результаты опробования скважин

Z. angew. Geol., Берлин, 24 (1978) 12, стр. 532—539, 12 илл., 2 табл., 18 лит.

Исходя из исследований кернов, показывающие при жидкостном и газовом течении нелинейное поведение течения, было возможно представлять и сравнивать различные формы расширенного закона Дарзи. В следующем было вычислено на основе этих законов течения поведение давления одной скважины с помощью числовой модели и специально для этого выводящего стационарного решения. Поведение текущего давления, нарастания давления и дебитности этой скважины указало однозначно отклонения по сравнению с нормальным ходом. Окончательно приводятся измерения опробования с аналогичным ходом и дадутся указания для практической интерпретации опробования.

Шнейдер, М. М.; Пэх, Х.-Й.

Обзор о 3-ей симпозии для геологии и геофизики антарктики в г. Мэдисон (Висконсин/США)

Z. angew. Geol., Берлин, 24 (1978) 12 стр. 540—542

In den nächsten Heften

der

Zeitschrift für angewandte Geologie

erscheinen u. a. folgende Beiträge

MEIER, R.: Zum Problem präkambrischer Salinarvorkommen

MAKSIMOW, S. P.; LODSCHWSKAJA, M. I.: Bildungsbedingungen und Verteilungsgesetzmäßigkeiten von Erdöl- und Erdgaslagerstätten in großen Teufen

VOIGT, H. D.: Berechnung der Erdgasvorräte nach der Druckabfallmethode bei deformierbarem Porenraum

WÖBKING, H.: Effekte der induzierten Polarisation — gemessen an Mischungen zweier Substanzen, welche jede für sich IP-Erscheinungen aufweisen — als Beispiel für IP-Messungen an Erzparagenesen

GLAPA, H.; ERBE, W.; HAHN, M.: Über Ergebnisse von rasterelektronenmikroskopischen Untersuchungen an Quarzkornoberflächen oberkretazischer Sande

KRÜGER, P.: Die Anwendung von Flußspatersatz in der Schwarzmetallurgie

BEIMS, U.; LUCKNER, L.; SZYMCZAK, P.; HARTMANN, U.: Zur geohydraulischen Berechnung von Uferfiltratfassungen

VOLKE, P.: Korrektur systematischer Fehler bei der spektrographischen Zinnbestimmung in Erzen und Aufbereitungsprodukten

Neuerscheinungen und Literaturhinweise

ANDERSON, J. G. C.

The structure of western Europe

Oxford: Pergamon Press 1978. 250 S., 11 Lit.

ANOSCHIN, G. H.

Gold in magmatischen Gesteinen (russ.)

Nowosibirsk: Verlag Nauka, sib. Ausg. 1977. 206 S., 13 Abb., 58 Tab., 14 S. Lit.
(Tr. Inst. Geol. i Geofis. AN SSSR, sib. Ausg., Bd. 289)

DUBATOLOW, W. N.

Das Balchasch-Gebiet — eine biogeographische Übergangszone des späten Karbons

Moskau: Verlag Nauka 1977. 163 S.
(Tr. Inst. Geol. i Geofis. AN SSSR, sib. Ausg., Bd. 285)

ERRMANN, E.

Bibliographie zu philosophischen Fragen der Geowissenschaften in der DDR

Freiberg: Bergakad. 1976. 38 S.
(Veröff. wiss. Inform.-Zentrum Bergakad. Freiberg, Nr. 73)

FUCHS, E.; KLENGEL, K. J.

Baugrund und Bodenmechanik

Berlin: Verlag Bauw. 1977. 312 S., 185 Abb., 119 Tab., 115 Lit.

GODOWIKOW, A. A.

Orbitalradien und Eigenschaften der Elemente (russ.)

Nowosibirsk: Verlag Nauka, sib. Ausg. 1977. 145 S., 40 Abb., 34 Tab., 49 Lit.
(Tr. Inst. Geol. i Geofis. AN SSSR, sib. Ausg., Bd. 337)

GRAESER, H.-J.

Untersuchungen zu Gegenstand, Zielstellung und Methodik des Markscheidewesens

Leipzig: Dt. Verlag Grundstoffind. 1977. 82 S., 9 Abb., 2 Tab. 50 Lit.
(Freiberger Forsch.-H. A 575)

HANNA, W. F.

Weak-field magnetic susceptibility anisotropy and its dynamic measurements

Washington: US Gov. Print. Off. 1977. 73 S., 12 Abb., 2 Tab., 4 S. Lit.
(Geol. Surv. Bull. 1405-G)

JUSUPOW, T. S.; ARCHIPENKO, D. K.

Physikalisch-chemische Analysenmethoden für Minerale (russ.)

Nowosibirsk 1977. 111 S.
(Tr. Inst. Geol. i Geofis. AN SSSR, sib. Ausg., Bd. 315)

POTTER, P. E.; PETTIJOHN, F. J.

Paleocurrents and basin analysis

Westberlin: Springer-Verlag 1977. 425 S., 30 Taf.

Gabbro-Granit-Serien des Ostteils des Sajan-Faltensystems (russ.)

Nowosibirsk 1977. 245 S.
(Tr. Inst. Geol. i Geofis. AN SSSR, sib. Ausg., Bd. 371)

Nuclear techniques and mineral resources 1977.
Proceedings of the International Symposium on nuclear techniques in exploration and proceeding of mineral resources held by the International Atomic Energy Agency in Vienna, 7—10 march 1977

Wien: Internat. Atomic Energy Agency 1977. 654 S.

Hinweise für unsere Autoren

Die Redaktion der Zeitschrift bittet ihre Autoren, folgendes zu berücksichtigen:

Die der Redaktion angebotenen Beiträge sollen dem Profil der Zeitschrift entsprechen und in dieser oder ähnlicher Fassung noch nicht anderweitig publiziert worden sein oder publiziert werden. Sie werden ausschließlich in deutscher Sprache veröffentlicht. Genehmigungspflichtige Beiträge bedürfen der Vorlage der institutionellen Veröffentlichungsgenehmigung für die beteiligten Autoren. Als Eingangsdatum des Beitrags bei der Redaktion gilt das Eingangsdatum der Veröffentlichungsgenehmigung. Die Autoren tragen für ihre Beiträge die sachliche und juristische Verantwortung. Für die Abwicklung des Geschäftsgangs benötigt die Redaktion die Anschrift (dienstlich und privat) sowie die Telefon- und Kontonummer des jeweils federführenden Autors.

Manuskript

Das Manuskript ist als druckreife Vorlage in der Regel in deutscher Sprache als zweizeilig maschinengeschriebene Vorlage zweifach einzureichen und sollte 20 fortlaufende numerierte Seiten nicht überschreiten. Es enthält in der Reihenfolge:

Titel: möglichst kurz und aussagekräftig.

Verfassernamen: Familien- und Vornamen stehen in Großbuchstaben, danach folgt die durch ein Komma abgetrennte Ortsangabe. Die Namen mehrerer Autoren werden durch ein Semikolon getrennt.

Text: Er soll durch Zwischenüberschriften aufgelockert sein, wobei keine Dezimalklassifikation zu verwenden ist. Als Abkürzungen sind in der Regel nur „z. B., bzw., usw." üblich. Orthographie, Fachausdrücke, Normen, Formeln, Zeichen usw. sind nach den geltenden nationalen und internationalen Vorschriften wiederzugeben. Für Maße und Gewichte sind die einschlägigen Festlegungen im Zusammenhang mit der Einführung des Internationalen Einheitssystems (SI) zu berücksichtigen. Die Übertragung kyrillischer Buchstaben erfolgt ab 1979 nach der bibliographischen Transliteration. Im Text zitierte Literatur steht mit dem Verfassernamen und dem in Klammern gesetzten Erscheinungsjahr, z. B.: HASE (1965) oder DONER & WESEL (1979) oder ROY, MEYER & WANDT (1976) oder, bei mehr als drei Autoren, SIEBER, MEYER u. a. (1977).
Unterstreichungen im Text sind unerwünscht. Vorschläge für Auszeichnungen (Schriftgrade, Schriftarten) können mit Bleistift entsprechend DUDEN angemerkt werden. Fußnoten stehen in fortlaufender Numerierung auf der betreffenden Seite.

Zusammenfassung: Sie soll kurz und prägnant sein und nicht mehr als 12 Zeilen umfassen.

Literatur: Die Autorennamen werden in alphabetischer Reihenfolge (ohne Numerierung) entsprechend dem in der Zeitschrift üblichen Modus angeführt. Zeitschriftenkurztitel sind nach TGL 20969 abzufassen (Wiss. techn. Inform-Dienst zentr. geol. Inst., Sh 9, Berlin 1972 und Abkürzungsverzeichnis für geowissenschaftliche Periodika im WTI des ZGI, Sh 4 (1973), ergänzt in Sh. 1 (1977).

Abbildungsunterschriften: Sie sind am Ende des Manuskripts gesondert und fortlaufend aufzuführen. Jede im Beitrag enthaltene Abbildung muß eine entsprechende Unterschrift erhalten und einen Verweis im Text. Signaturen sind normgerecht zu verwenden.

Tabellen: Sie sind fortlaufend numeriert an das Ende des Beitrags zu stellen und durch Verweise im Text (Tab. Nr.) mit diesem zu koppeln. Nicht numerierte Tabellen, die fest im Text angeordnet sind, könnten beim Umbruch aufgeteilt werden und sind deshalb zu vermeiden.

Abbildungen (Graphiken, Fotos usw.)

Abbildungsvorlagen sollten das Format 50 × 70 cm nicht überschreiten. Sie sind stets mit der entsprechenden Numerierung, mit den Namen der Autoren der Arbeit und erforderlichenfalls mit einer Orientierungsangabe (nur mit Bleistift) zu versehen. Zeichnungen müssen auf Transparentpapier mit Ausziehtusche oder entsprechend den Anforderungen der TGL 24470, Pkt. 2. ff. angefertigt werden. Fotos müssen auf Hochglanzpapier vorliegen. Bei Kartendarstellungen sind die genauen Bezeichnungen der Quellen gesondert anzuführen (z. B.: aus Karte ..., veröffentlicht in ...). Die Schreibweise von geographischen Begriffen richtet sich nach den Instruktionen des MDI, Verwaltung Vermessungs- und Kartenwesen der DDR.

Korrekturen

Die dem federführenden Autor nur einmal zur Korrektur zugesandten Umbruchexemplare des Beitrags sollten schnellstens bearbeitet und zurückgesandt werden. Korrekturen sind dabei auf ein notwendiges Minimum zu beschränken. Neuformulierungen u. ä. sollten unterbleiben, um aufwendigen Neusatz zu vermeiden. Sämtliche Korrekturzeichen sind nach DUDEN und TGL 10-081 auszuführen.
Mit der Rücksendung der Autorkorrektur bestellt der federführende Verfasser bei der Redaktion die Sonderdrucke für seine Arbeit. Er erhält kostenlos 25 Stück (Autorenkollektive 60 Stück). Darüber hinaus können Sonderdrucke gegen Bezahlung bestellt werden.

Die Redaktion behält sich vor, Manuskripte, die diesen Hinweisen nicht entsprechen, an die Autoren zurückzusenden.

Zeitschrift für angewandte Geologie

Kolibri 360 GmbH
Ferdinand-Jühlke-Straße 7
99095 Erfurt, Deutschland
produktsicherheit@kolibri360.de